丛书编委会
主 编 萧 今
副主编 刘丽芸

诺亚方舟生物多样性保护丛书

滇西北珍稀濒危保护植物图册

主 编 明升平 许 琨

副主编 王黎萍 和海斌 李 金 黄 华

刘维暐 范中玉 陈小灵 刘德团

云南出版集团

云南科技出版社

·昆明·

图书在版编目（CIP）数据

滇西北珍稀濒危保护植物图册 / 明升平 , 许琨主编
. -- 昆明 : 云南科技出版社 , 2021.8
（SEE 诺亚方舟生物多样性保护丛书 / 萧今主编）
ISBN 978-7-5587-3628-5

Ⅰ . ①滇… Ⅱ . ①明… ②许… Ⅲ . ①濒危植物—云
南—图集 Ⅳ . ① Q948.527.4-64

中国版本图书馆 CIP 数据核字 (2021) 第 161300 号

滇西北珍稀濒危保护植物图册

DIANXIBEI ZHENXI BINWEI BAOHU ZHIWU TUCE

明升平　许　琨　主编

出 版 人：温　翔
策　　划：高　亢　李　非　刘　康　胡凤丽
责任编辑：张羽佳　唐　慧　王首斌
整体设计：长策文化
责任校对：张舒园
责任印制：蒋丽芬

书　　号：ISBN 978-7-5587-3628-5
印　　刷：云南华达印务有限公司
开　　本：889mm×1194mm　1/16
印　　张：10.25
字　　数：210 千字
版　　次：2021 年 8 月第 1 版
印　　次：2021 年 8 月第 1 次印刷
定　　价：75.00 元

出版发行：云南出版集团公司　云南科技出版社
地　　址：昆明市环城西路 609 号
电　　话：0871-64192760

1959 年 7 月，我和一批同事来到丽江雪嵩村的玉湖旁，参加建设丽江高山植物园。丽江高山植物园是昆明植物研究所"花开三带"战略部署之一，即亚热带高山"战场"。蔡希陶先生为其亲临选点，吴征镒先生请来著名植物园专家为其"把脉"，冯国楣先生亲临现场，带领建园。由于历史的原因，始建的高山植物园坚持了 11 年之后被暂时撤销。2001 年丽江高山植物园得以复建，如今又历经 20 个年头了。不仅高山植物园初具规模，同时建起森林生态系统野外科学观测研究站。

为什么植物学家们始终不肯放弃在丽江玉龙雪山之麓建设植物学科学研究基地？我想丽江乃滇西北之要冲和门户，世界奇观三江并流区的腹地，世界现存不多的生物"避难所"之一存在于此。玉龙雪山是低纬度地区的海洋性冰川，独特稀有，景观壮丽秀美不亚于欧洲的阿尔卑斯山。说滇西北是生物物种起源中心，或许有所偏颇，但谓其为物种分化中心，学界赞成者一定不少。谓其为生物多样性热点区域，则是"货真价实"，毋庸置疑。

法国天主教神甫 P.G.M.Delavay，早在 1882 年 7 月，就到过滇西北采集，1893 年再次来滇采集，1895 年病故于昆明。英国爱丁堡皇家植物园采集员 G.Forrest 在 1904—1931 年的 27 年间多次在滇西北采集标本达 30 余万号。美国学者 F.Rock 1920—1923 年间在滇西北采集，尔后长期居住丽江，雪嵩村还有其故居纪念馆。他们将众多的中国植物模式标本收藏于自己国家标本馆。这是中国植物学家铭记不忘的一段心酸历史。

尽管在艰难落后的岁月里，我国植物学家也未放弃过滇西北的考察采集，1930—1933 年，蔡希陶先生赴云南采集的壮举，就涉及滇西北。俞德浚先生于 1936—1938 年间也在滇西北采集，特别赴独龙江考察采集难得可贵。王启无先生于 1935 年从大理—维西—叶枝—菖蒲桶—察瓦龙，沿澜沧江流域采集，标本达 9600 余号。他们是中国植物学家涉足滇西北的先驱，为国家留下宝贵的标本资料。

新中国成立后，国家对滇西北地区的考学考察连续不断，1959 年的经济植物普查，1960 年南水北调滇西北综合考察，1981—1983 年横断山考察等，规模宏大，地域广阔，对滇西北地区的植物种类、分布的了解达到仔细深入的程度。在这些基础上，依据国家和云南省有关重点保护植物的名录，明升平、许琨等梳理了分布于滇西北地区的重点保护和本地区的珍稀濒危植物，汇聚成《滇西北珍稀濒危保护植物图册》，计 59 科、124 属 211 种。其中国家一级保护植物 19 种，国家二级保护植物 87 种。处于极危等级 5 种，濒危等级 26 种，易危等级 51 种，近危等级 76 种。

《滇西北珍稀濒危保护植物图册》图文并茂，直观易辨，科学性、实用性、通俗性兼为一体。阿拉善 SEE（北京企业家环保基金会）西南项目中心以 SEE 诺亚方舟项目，在滇西北积极资助和推动白马雪山和老君山社区参与的生物多样性保育和植被修复，丽江高山植物园给予科学技术的支撑。图册于滇西北生物多样性保护和保育知识普及大有裨益。

喜观其成，爱之为序。

吕春朝

2021 年 6 月

目 录
CONTENTS

目 录
CONTENTS

目 录
CONTENTS

目 录
CONTENTS

诺亚方舟

生 物 多 样 性 保 护 丛 书

滇西北珍稀濒危保护植物图册

001	**中文名**	**描述**

垫状卷柏
Selaginella pulvinata

卷柏科 Selaginellaceae
卷柏属 *Selaginella*

濒危等级：易危

土生或石生，旱生复苏植物，呈垫状，无匍匐根状茎或游走茎。叶全部交互排列，二形。孢子叶穗紧密，四棱柱形；大孢子叶分布于孢子叶穗下部的下侧或中部的下侧或上部的下侧。大孢子黄白色或深褐色；小孢子浅黄色。

产云南、西藏、四川等地。常见于石灰岩上，海拔1000～4250m。

002	**中文名**	**描述**

玉龙耳蕨
Polystichum glaciale

鳞毛蕨科 Dryopteridaceae
玉龙蕨属 *Sorolepidium*

濒危等级：易危
保护等级：国家Ⅰ级

植株密被鳞片或长柔毛；叶簇生；叶片线形，一回羽状，互生。叶脉分离，羽状，小脉单一，伸达叶边，通常被鳞毛覆盖。叶厚革质，干后黑褐色，两面密被灰白色的长柔毛，羽轴及主脉下面密被淡棕色，阔披针形，先端纤维状鳞片。孢子囊群圆形，生于小脉顶端，位主脉与叶边之间，无囊群盖，通常被鳞片所覆盖。

产云南（丽江、香格里拉）、四川、西藏。生高山冰川穴洞、岩缝，海拔3200～4700米。

003	**中文名**	**描述**

川滇槲蕨
Drynaria delavayi

槲蕨科 Drynariaceae
槲蕨属 *Drynaria*

濒危等级：易危

附生岩石上或树上。根状茎密被鳞片。基生不育叶卵圆形至椭圆形，羽状深裂。正常能育叶具狭翅；叶片裂片边缘有浅缺刻。孢子囊群在裂片中肋两侧各排成整齐的1行；孢子囊上常有腺毛。孢子外壁光滑或有时有折皱，具短刺状突起，周壁有疣状纹饰。

产云南西北部、四川、西藏东部等地。生石上或草坡，海拔1000～4200米。

001

002

003

003

中文名	描述

银杏
Ginkgo biloba

银杏科 Ginkgoaceae
银杏属 *Ginkgo*

濒危等级：极危
保护等级：国家 Ⅰ 级

乔木。叶扇形。球花雌雄异株；雄球花葇荑花序状；雌球花具长梗，梗端常分两叉。种子椭圆形、长倒卵形、卵圆形或近圆球形，外种皮肉质，有臭味。花期 3—4 月，种子 9—10 月成熟。

中文名	描述

澜沧黄杉
Pseudotsuga forrestii

松科 Pinaceae
黄杉属 *Pseudotsuga*

濒危等级：易危
保护等级：国家 Ⅱ 级

乔木。叶条形，较长，排列成两列，直或微弯。球果卵圆形或长卵圆形；种子三角状卵圆形。球果 10 月成熟。

为我国特有树种，产于云南西北部、西藏东南部及四川西南部海拔 2400～3300 米高山地带。生于针叶林内。

中文名	描述

丽江铁杉
Tsuga chinensis var. *forrestii*

松科 Pinaceae
铁杉属 *Tsuga*

濒危等级：易危

乔木。叶条形，排列成两列。球果较大，圆锥状卵圆形或长卵圆形；种子下面有小油点，种翅上部稍窄或渐窄。花期 4—5 月，球果 10 月成熟。

为我国特有树种，产于云南西北部（丽江、香格里拉），四川西南部，海拔 2000～3000 米，多生于山谷之中，在云南及四川常与云南铁杉、油麦吊云杉、华山松及栎类植物组成混交林。

中文名	描述

007

油麦吊云杉
Picea brachytyla var. *complanata*

松科 Pinaceae
云杉属 *Picea*

保护等级：国家Ⅱ级

本变种与麦吊云杉的区别在于树皮淡灰色或灰色，裂成薄鳞状块片脱落；球果成熟前红褐色、紫褐色或深褐色。

产于云南西北部、西藏东南部，生于海拔2000～3800米地带。在四川西部常生于冷杉、铁杉、云南铁杉为主的针叶树混交林中，或在局部地带形成小片纯林。在云南则与云南铁杉、丽江云杉等树种混生或成小面积纯林。

008

怒江红杉
Larix speciosa

松科 Pinaceae
落叶松属 *Larix*

濒危等级：近危

乔木。叶倒披针状窄条形。雄球花圆柱形；雌球花圆柱状椭圆形，淡紫褐色或淡红紫色，珠鳞小，苞鳞显著。球果熟时红褐色或紫褐色，圆柱形；种子白色或灰白色，具不规则的黄褐色斑纹，斜倒卵圆形。花期4—5月，球果9—10月成熟。

产于云南西北部及西藏东南部，生于海拔2600～4000米之高山地带。

009

干香柏
Cupressus duclouxiana

柏科 Cupressaceae
柏木属 *Cupressus*

濒危等级：近危

乔木。鳞叶密生，近斜方形。雄球花近球形或椭圆形。球果圆球形；种子褐色或像褐色，两侧具窄翅。

为我国特有树种，产于云南中部、西北部及四川西南部海拔1400～3300米地带；散生于干热或干燥山坡之林中，或成小面积纯林（如丽江雪山等地）。

中文名	描述

垂枝香柏
Juniperus pingii

柏科 Cupressaceae
刺柏属 *Juniperus*

濒危等级：易危

乔木。叶三叶交叉轮生，排列密，三角状长卵形或三角状披针形。雄球花椭圆形或卵圆形。球果卵圆形或近球形，熟时黑色，有光泽，有1粒种子；种子卵圆形或近球形，具明显的树脂槽，顶端钝尖，基部圆。

为我国特有树种，产于云南西北部、四川西南部海拔2600～3800米地带，常与云杉类、落叶松类针叶树种混生成林。

中文名	描述

小果垂枝柏
Juniperus recurva var. *coxii*

柏科 Cupressaceae
刺柏属 *Juniperus*

濒危等级：易危

本变种常为灌木，与垂枝柏的区别在于球果较小；种子常成锥状卵圆形；叶上面有两条绿白色气孔带，绿色中脉明显。

产于云南西北部海拔2400～3800米地带，常生于冷杉林、云杉林或针叶树、阔叶树混交林内。

中文名	描述

高山红豆杉
Taxus wallichiana

红豆杉科 Taxaceae
红豆杉属 *Taxus*

濒危等级：濒危

乔木或大灌木。叶条形，较密地排成不规则两列，质地较厚，先端有凸起的刺状尖头，基部两侧对称，边缘不反曲或反曲，上面光绿色，下面沿中脉带两侧各有一条淡黄色气孔带，中脉带与气孔带上密生细小角质乳头状突起。种子生于红色肉质杯状的假种皮中，柱状矩圆形，上下等宽或上部较宽，微扁，上部两侧微有钝脊，顶端有凸起的钝尖，种脐椭圆形。

产于云南西北部丽江、维西、贡山、香格里拉海拔2000～3400米高山地带，为习见的森林树种。喜温凉湿润的气候与酸性棕色森林土壤。能长成胸径60～100厘米的乔木。宜选作云南西北部森林更新和荒山造林树种。

滇西北　　　　　珍稀濒危保护　　　植物图册

013	中文名	描述

南方红豆杉
Taxus wallichiana var. *mairei*

红豆杉科 Taxaceae
红豆杉属 *Taxus*

濒危等级：易危
保护等级：国家 Ⅰ 级

乔木；树皮灰褐色、红褐色或暗褐色，裂成条片脱落。叶排列成两列，叶常较宽长，多呈弯镰状，上部常渐窄，先端渐尖，下面中脉带上无角质乳头状突起点，或局部有成片或零星分布的角质乳头状突起点，或与气孔带相邻的中脉带两边有一至数条角质乳头状突起点，中脉带明晰可见，其色泽与气孔带相异，呈淡黄绿色或绿色，绿色边带亦较宽而明显；种子通常较大，微扁，多呈倒卵圆形，上部较宽，稀柱状矩圆形种脐常呈椭圆形。

产于云南、安徽、浙江等省。垂直分布一般较红豆杉低，在多数省区常生于海拔1000-1200米以下的地方。

014	中文名	描述

云南榧
Torreya fargesii var. *yunnanensis*

红豆杉科 Taxaceae
榧树属 *Torreya*

濒危等级：濒危
保护等级：国家 Ⅱ 级

乔木。叶基部扭转列成二列，条形或披针状条形。雌雄异株，雄球花单生叶腋，卵圆形；雌球花成对生于叶腋，无梗。种子连同假种皮近圆球形。

产于云南西北部丽江、维西、贡山、香格里拉海拔2000～3400米高山地带。

015	中文名	描述

西康天女花
Oyama wilsonii

木兰科 Magnoliaceae
木兰属 *Magnolia*

濒危等级：易危

落叶灌木或小乔木。叶纸质，椭圆状卵形，或长圆状卵形。花与叶同时开放，白色，芳香。聚合果下垂，圆柱形，蓇葖具喙；种子倒卵圆形。花期5—6月，果期9—10月。

013

014

015

中文名	描述

滇藏玉兰
Yulania campbellii

木兰科 Magnoliaceae
玉兰属 *Yulania*

濒危等级：易危

落叶乔木。叶纸质，椭圆形、长圆状卵形、或宽倒卵形。花大，稍芳香，先叶开放；花被片深红色或粉红色，或有时白色。聚合果紫红色，转褐色，初直立，后下垂；蓇葖紧贴，沿背缝线开裂成两瓣；果梗粗壮，无毛；种子心形，侧扁，去种皮的种子白色，腹面稍凹，顶端孔大，不凹入，基部具锐尖。花期 3—5 月，果期 6—7 月。

产于云南西北部、西藏南部。
生于海拔2500~3500米的林间。
本种花大美丽，早为欧美园艺界所赞赏，为世界稀有的珍贵树种。

中文名	描述

海菜花
Ottelia acuminata

水鳖科 Hydrocharitaceae
水车前属 *Ottelia*

濒危等级：易危

沉水草本。茎短缩。叶基生，叶形变化较大，线形、长椭圆形、披针形、卵形以及阔心形。花单生，雌雄异株；佛焰苞无翅；花瓣白色；雄蕊黄色；雌花梗短，花萼、花瓣与雄花的相似。果为三棱状纺锤形，棱上有明显的肉刺和疣凸。种子多数，无毛。花果期 5—10 月。

产云南、四川、贵州等地，为我国特有种。生于湖泊、池塘、沟渠及水田中。

中文名	描述

波叶海菜花
Ottelia acuminata var. *crispa*

水鳖科 Hydrocharitaceae
水车前属 *Ottelia*

濒危等级：近危

本变种与原变种很相似，区别在于其叶片更狭长，边缘波状反卷，基部骤狭，截状圆形或浅心形，常下延成翅；成熟果为弯纺锤形而不为圆锥形。花果期 5—10 月。

产云南（泸沽湖）。生于湖泊中。

滇西北　　　　　珍稀濒危保护　　植物图册

中文名	描述

黑珠芽薯蓣
Dioscorea melanophyma

薯蓣科 Dioscoreaceae
薯蓣属 *Dioscorea*

濒危等级：近危

缠绕草质藤本。块茎卵圆形或梨形。茎无毛。掌状复叶互生；小叶片为披针形、长椭圆形至卵状披针形。叶腋内常有圆球形珠芽，成熟时黑色，表面光滑。花单性，雌雄异株。雄花序总状，再排列成圆锥状；雄花黄白色。雌花序下垂。蒴果反折，三棱形。花期 8—10 月，果期 10—12 月。

分布于云南、西藏波密、四川等。生于海拔1500～2500米的林缘或稀疏灌丛中。

中文名	描述

毛重楼
Paris mairei

百合科 Liliaceae
重楼属 *Paris*

濒危等级：濒危
保护等级：国家Ⅱ级

植株高，全株被有短柔毛；根状茎粗。叶披针形、倒披针形或椭圆形，叶背面有短柔毛。内轮花被片长条形，与外轮的等长或超过；子房通常为紫红色。花期 5—7 月，果期 8—9 月。

产云南（西北部）和四川。生于海拔2500～3300米的高山草丛或林下。

中文名	描述

花叶重楼
Paris marmorata

百合科 Liliaceae
重楼属 *Paris*

保护等级：国家Ⅱ级

多年生直立草本；根状茎粗短。叶轮生，披针形或狭披针形，上表面深绿色，沿脉具有白色斑纹，下表面紫褐色。外轮花被片狭披针形；内轮花被片条形；子房近球形，绿色。蒴果深紫色，开裂。

产云南（西部）、四川、西藏。生于海拔2800～3200米的高山上。

中文名	描述

滇重楼
Paris polyphylla var. *yunnanensis*

百合科 Liliaceae
重楼属 *Paris*

濒危等级：近危

多年生直立草本；叶厚纸质、披针形、卵状矩圆形或倒卵状披针形。外轮花被片披针形或狭披针形，内轮花被片条形；子房球形。花期6—7月，果期9—10月。

产云南、四川、贵州等地。生于海拔2000～3600米的林下或路边。

中文名	描述

七叶一枝花
Paris polyphylla

百合科 Liliaceae
重楼属 *Paris*

濒危等级：近危

植株无毛；根状茎粗厚。茎通常带紫红色。叶（5～）7～10枚，矩圆形、椭圆形或倒卵状披针形。外轮花被片绿色，狭卵状披针形；内轮花被片狭条形，通常比外轮长。蒴果紫色。种子多数，具鲜红色多浆汁的外种皮。花期4—7月，果期8—11月。

产云南、西藏（东南部）、四川和贵州。生于海拔1800～3200米的林下。

中文名	描述

延龄草
Trillium tschonoskii

百合科 Liliaceae
延龄草属 *Trillium*

濒危等级：渐危

茎丛生于粗短的根状茎上。叶菱状圆形或菱形。花单生；外轮花被片卵状披针形，绿色，内轮花被片白色，少有淡紫色，卵状披针形。浆果圆球形，黑紫色，有多数种子。花期4—6月，果期7—8月。

产西藏、云南、四川、陕西等地。生林下、山谷阴湿处、山坡或路旁岩石下，海拔1600～3200米。

中文名	描述

025

云南大百合
Cardiocrinum giganteum var. yunnanense

百合科 Liliaceae
大百合属 *Cardiocrinum*

濒危等级：近危

小鳞茎卵形。茎直立，高，无毛。叶纸质，网状脉；基生叶卵状心形或近宽矩圆状心形，茎生叶卵状心形。总状花序；花狭喇叭形，白色，里面具淡紫红色条纹；花被片条状倒披针形。蒴果近球形。种子呈扁钝三角形，周围具淡红棕色半透明的膜质翅。花期 6—7 月，果期 9—10 月。

产云南、四川、陕西等地海拔2500-3500米的林间。

026

川贝母
Fritillaria cirrhosa

百合科 Liliaceae
贝母属 *Fritillaria*

濒危等级：近危

鳞茎由 2 枚鳞片组成。叶通常对生，少数在中部兼有散生或轮生的，条形至条状披针形，先端稍卷曲或不卷曲。花通常单朵，紫色至黄绿色，通常有小方格。蒴果有狭翅。花期 5—7 月，果期 8—10 月。

产西藏、云南、四川等地海拔3200-4200米林中、灌丛下、草地或河滩、山谷等湿地或岩缝中。

027

梭砂贝母
Fritillaria delavayi

百合科 Liliaceae
贝母属 *Fritillaria*

濒危等级：易危

鳞茎由 2 枚鳞片组成。叶较紧密地生于植株中部或上部，全部散生或最上面 2 枚对生，狭卵形至卵状椭圆形，先端不卷曲。花单朵，浅黄色，具红褐色斑点或小方格。蒴果棱上翅很狭。花期 6—7 月，果期 8—9 月。

产云南（西北部）、四川、青海南部和西藏。生于海拔3800～4700米的沙石地或流沙岩石的缝隙中。

中文名	描述

金黄花滇百合
Lilium bakerianum var. aureum

百合科 Liliaceae
百合属 *Lilium*

濒危等级：近危

鳞茎宽卵形至近球形；鳞片卵形或卵状披针形，白色。茎有小乳头状突起。叶散生于茎的中上部，条形或条状披针形。花钟形，直立或倾斜，花为淡黄色，内具紫色斑点；外轮花被片披针形；内轮花被片较宽，倒披针形或倒披针状匙形。蒴果矩圆形。花期 7 月。

产云南（西北部）和四川。生林下草坡或灌丛边缘，海拔 2000～2420米。

中文名	描述

淡黄花百合
Lilium sulphureum

百合科 Liliaceae
百合属 *Lilium*

保护等级：国家 II 级

鳞茎球形；鳞片卵状披针形或披针形。茎有小乳头状突起。叶散生，披针形，上部叶腋间具珠芽。花通常 2 朵，喇叭形，有香味，白色；外轮花被片矩圆状倒披针形；内轮花被片匙形。花期 6—7 月。

产云南、贵州、四川和广西。生路边、草坡或山坡阴处疏林下，海拔 90～1890米。

中文名	描述

大理百合
Lilium taliense

百合科 Liliaceae
百合属 *Lilium*

保护等级：国家 II 级

鳞茎卵形；鳞片披针形，白色。茎具小乳头状突起。叶散生，条形或条状披针形。总状花序；花下垂；花被片反卷，矩圆形或矩圆状披针形；内轮花被片较外轮稍宽，白色，有紫色斑点，蜜腺两边无流苏状突起。蒴果矩圆形，褐色。花期 7—8 月，果期 9 月。

产云南和四川。生山坡草地或林中。海拔2600～3600米。

028

029

030

中文名	描述

紫花百合
Lilium souliei

百合科 Liliaceae
百合属 *Lilium*

保护等级：国家Ⅱ级

鳞茎近狭卵形；鳞片披针形，白色。茎无毛。叶散生，长椭圆形、披针形或条形。花单生，钟形，下垂，紫红色，无斑点；外轮花被片椭圆形；内轮花被片先端钝，蜜腺无乳头状突起。蒴果近球形，带紫色。花期6—7月，果期8—10月。

产云南和四川。生山坡草地或灌木林缘，海拔1200～4000米。

中文名	描述

豹子花
Nomocharis pardanthina

百合科 Liliaceae
豹子花属 *Nomocharis*

濒危等级：濒危
保护等级：国家Ⅱ级

鳞茎卵状球形。茎无毛。叶在同一植株上兼具散生与轮生的，狭椭圆形或披针状椭圆形。花单生，少有数朵，红色或粉红色。蒴果矩圆形。花期5—6月，果期7月。

产云南西北部。生草坡上，海拔3000～3500米。

中文名	描述

四裂无柱兰
Amitostigma basifoliatum

兰科 Orchidaceae
无柱兰属 *Amitostigma*

濒危等级：易危
保护等级：国家Ⅱ级

块茎近球形，肉质。茎纤细，直立或近直立。叶片狭长圆状披针形，直立伸展。总状花序；花较小，白色或带红色。花期6—7月。

产于四川西南部和云南西北部至东北部。生于海拔2650～3800米的山坡林下阴湿地或山坡草地。

031

032

033

中文名

描述

一花无柱兰
Amitostigma monanthum

兰科 Orchidaceae
无柱兰属 *Amitostigma*

濒危等级：近危
保护等级：国家Ⅱ级

块茎小，卵球形或圆球形，肉质。茎纤细，直立或近直立。叶片披针形、倒披针状匙形或狭长圆形；花中等大，淡紫色，粉红色或白色。花期7—8月。

产于云南西北部、西藏东南部、陕西等地。生于海拔2800～4000米的山谷溪边覆有土的岩石上或高山潮湿草地中。

中文名

描述

黄花白及
Bletilla ochracea

兰科 Orchidaceae
白及属 *Bletilla*

濒危等级：濒危
保护等级：国家Ⅱ级

假鳞茎扁斜卵形，较大，上面具荸荠似的环带，富黏性。茎较粗壮。叶长圆状披针形；花中等大，黄色或萼片和花瓣外侧黄绿色，内面黄白色，罕近白色。花期6—7月。

产云南、陕西南部、甘肃东南部等地。生于海拔300～2350米的常绿阔叶林、针叶林或灌丛下、草丛中或沟边。

中文名

描述

白及
Bletilla striata

兰科 Orchidaceae
白及属 *Bletilla*

濒危等级：濒危
保护等级：国家Ⅱ级

假鳞茎扁球形。叶狭长圆形或披针形。花序常不分枝或极罕分枝；花大，紫红色或粉红色。花期4—5月。

生于海拔100～3200米的常绿阔叶林下，栋树林或针叶林下、路边草丛或岩石缝中，药用栽培。

034

035

036

中文名	描述

流苏虾脊兰
Calanthe alpina

兰科 Orchidaceae
虾脊兰属 *Calanthe*

保护等级：国家 II 级

假鳞茎短小，狭圆锥状。假茎不明显或有时长。叶 3 片，在花期全部展开，椭圆形或倒卵状椭圆形；唇瓣浅白色，后部黄色。蒴果倒卵状椭圆形。花期 6—9 月，果期 11 月。

产云南（镇康、维西、丽江一带）、陕西、西藏东南部和南部等地。生于海拔 1500～3500 米的山地林下和草坡上。

中文名	描述

肾唇虾脊兰
Calanthe brevicornu

兰科 Orchidaceae
虾脊兰属 *Calanthe*

保护等级：国家 II 级

假鳞茎粗短，圆锥形。假茎粗壮。叶在花期全部未展开，椭圆形或倒卵状披针形；总状花序，疏生多数花；萼片和花瓣黄绿色。花期 5—6 月。

产云南（双柏、禄劝、凤庆、腾冲、维西、高黎贡山一带）、广西东北部、西藏东南部等地。生于海拔 1600～2700 米的山地密林下。

中文名	描述

少花虾脊兰
Calanthe delavayi

兰科 Orchidaceae
虾脊兰属 *Calanthe*

保护等级：国家 II 级

植株无明显的根状茎。假鳞茎近球形。叶在花期几乎全部展开，椭圆形或倒卵状披针形；花紫红色或浅黄色，萼片和花瓣边缘带紫色斑点。花期 6—9 月。

产云南西南部至西部（洱源、云县、丽江）、甘肃南部和四川。生于海拔 2700～3450 米的山谷溪边和混交林下。

037

037

038

037

039

中文名	描述
三棱虾脊兰 *Calanthe tricarinata* 兰科 Orchidaceae 虾脊兰属 *Calanthe* 保护等级：国家Ⅱ级	根状茎不明显。假鳞茎圆球状。假茎粗壮。叶在花期时尚未展开，薄纸质，椭圆形或倒卵状披针形；萼片和花瓣浅黄色。花期5—6月。 产云南中部到西北部、陕西、甘肃等地。生于海拔1600～3500米的山坡草地上或混交林下。

中文名	描述
头蕊兰 *Cephalanthera longifolia* 兰科 Orchidaceae 头蕊兰属 *Cephalanthera* 保护等级：国家Ⅱ级	地生草本。茎直立。叶片披针形、宽披针形或长圆状披针形。总状花序；花白色，稍开放或不开放。蒴果椭圆形。花期5—6月，果期9—10月。 产云南西北部、山西南部、陕西南部等地。生于海拔1000～3300米的林下、灌丛中、沟边或草丛中。

中文名	描述
川滇叠鞘兰 *Chamaegastrodia inverta* 兰科 Orchidaceae 叠鞘兰属 *Chamaegastrodia* 濒危等级：易危 保护等级：国家Ⅱ级	根粗壮，短，肥厚，肉质，排生于长的根状茎上。茎较粗壮。总状花序；花带橙黄色。花期7—8月。 产云南昆明与腾冲以北、四川西南部。生于海拔1200～2600米的山坡或沟谷林下阴湿处。

中文名	描述

眼斑贝母兰
Coelogyne corymbosa

兰科 Orchidaceae
贝母兰属 *Coelogyne*

濒危等级：近危
保护等级：国家 II 级

根状茎较坚硬。假鳞茎较密集，长圆状卵形或近菱状长圆形，顶端生 2 片叶。叶长圆状倒披针形至倒卵状长圆形；花白色或稍带黄绿色，但唇瓣上有 4 个黄色、围以橙红色的眼斑；蒴果近倒卵形，略带三棱。花期 5—7 月，果期次年 7—11 月。

产云南西北部至东南部和西藏南部。生于林缘树干上或湿润岩壁上，海拔1300～3100米。

中文名	描述

卵叶贝母兰
Coelogyne occultata

兰科 Orchidaceae
贝母兰属 *Coelogyne*

保护等级：国家 II 级

根状茎较粗壮。假鳞茎生根状茎上，顶端生 2 枚叶。叶卵形或卵状椭圆形；总状花序；花白色，唇瓣上具紫色脉纹和棕黄色眼斑。蒴果近长圆形。花期 6—7 月，果期 11 月。

产云南西北部（高黎贡山）和西藏东南部至南部。生于林中树干上或沟谷旁岩石上，海拔1900～2400米。

中文名	描述

大理铠兰
Corybas taliensis

兰科 Orchidaceae
铠兰属 *Corybas*

濒危等级：濒危
保护等级：国家 II 级

块茎近球形。茎纤细。叶 1 片，生于茎上端，心形至宽卵形 花单朵，带紫色。花期 9 月。

产云南西北部（大理、碧江）和四川西部。生于海拔2100～2500米的林下。

043

044

045

045

| 046 | 中文名 | 描述 |

春兰
Cymbidium goeringii

兰科 Orchidaceae
兰属 *Cymbidium*

濒危等级：易危
保护等级：国家Ⅰ级

地生植物；假鳞茎较小，卵球形。叶带形，通常较短小；花序具单朵花；蒴果狭椭圆形。花期1—3月。

产云南、陕西南部、甘肃南部等地。生于多石山坡、林缘、林中透光处，海拔300～2200米，在台湾可上升到3000米。

| 047 | 中文名 | 描述 |

蕙兰
Cymbidium faberi

兰科 Orchidaceae
兰属 *Cymbidium*

保护等级：国家Ⅰ级

地生草本；假鳞茎不明显。叶带形，直立性强；总状花序。蒴果近狭椭圆形。花期3—5月。

产云南、陕西南部、西藏东部等地。生于湿润但排水良好的透光处，海拔700～3000米。

| 048 | 中文名 | 描述 |

多花兰
Cymbidium floribundum

兰科 Orchidaceae
兰属 *Cymbidium*

濒危等级：易危
保护等级：国家Ⅰ级

附生植物；假鳞茎近卵球形。叶带形，坚纸质；花较密集；萼片与花瓣红褐色或偶见绿黄色；蒴果近长圆形。花期4—8月。

产云南西北部至东南部、浙江、江西等地。生于林中或林缘树上，或溪谷旁透光的岩石上或岩壁上，海拔100～3300米。

049	中文名	描述

西藏虎头兰
Cymbidium tracyanum

兰科 Orchidaceae
兰属 *Cymbidium*

保护等级：国家Ⅰ级

附生植物。叶带形。总状花序通常具多花；萼片与花瓣黄绿色至橄榄绿色，唇瓣淡黄色；萼片狭椭圆形；花瓣镰刀形；唇瓣卵状椭圆形，3裂；侧裂片边缘有长的缘毛；中裂片有长毛连接于褶片顶端，并有散生的短毛；唇盘密生长毛。蒴果椭圆形。花期9—12月。

产云南西南部至东南部和西藏东南部，贵州西南部。生于林中大树干上或树杈上，也见于溪谷旁岩石上，海拔1200~1900米。

050	中文名	描述

碧玉兰
Cymbidium lowianum

兰科 Orchidaceae
兰属 *Cymbidium*

濒危等级：濒危
保护等级：国家Ⅰ级

附生植物；假鳞茎狭椭圆形。叶带形。总状花序；花无香气；萼片和花瓣苹果绿色或黄绿色，有红褐色纵脉，唇瓣淡黄色，中裂片上有深红色的锚形斑（或"V"形斑及1条中线）。花期4—5月。

产云南西南部至东南部。生于林中树上或溪谷旁岩壁上，海拔1300~1900米。

051	中文名	描述

黄花杓兰
Cypripedium flavum

兰科 Orchidaceae
杓兰属 *Cypripedium*

濒危等级：易危
保护等级：国家Ⅰ级

植株具粗短的根状茎。茎直立。叶较疏离；叶片椭圆形至椭圆状披针形。花序顶生，通常具1朵花，罕有2朵花；花黄色，有时有红色晕，唇瓣上偶见栗色斑点。蒴果狭倒卵形。花果期6—9月。

产云南西北部、甘肃南部、湖北西部等地。生于海拔1800~3450米林下、林缘、灌丛中或草地上多石湿润之地。

049

049

050

051

中文名	描述

玉龙杓兰
Cypripedium forrestii

兰科 Orchidaceae
杓兰属 *Cypripedium*

濒危等级：极危
保护等级：国家Ⅰ级

植株具细长而横走的根状茎。茎直立，顶端具2片叶。叶近对生，平展或近铺地；叶片椭圆形或椭圆状卵形。花序顶生，具1朵花；花小，暗黄色，有栗色细斑点。花期6月。

产云南西北部（丽江、香格里拉）。生于海拔3500米的松林下、灌木丛生的坡地或开旷林地上。

中文名	描述

紫点杓兰
Cypripedium guttatum

兰科 Orchidaceae
杓兰属 *Cypripedium*

濒危等级：濒危
保护等级：国家Ⅰ级

植株具细长而横走的根状茎。茎直立。叶2片，极罕3片，常对生或近对生；叶片椭圆形、卵形或卵状披针形。花序顶生，具1朵花；花白色，具淡紫红色或淡褐红色斑。花期5—7月，果期8—9月。

产云南西北部、黑龙江、吉林等地。生于海拔500～4000米的林下、灌丛中或草地上。

中文名	描述

斑叶杓兰
Cypripedium margaritaceum

兰科 Orchidaceae
杓兰属 *Cypripedium*

濒危等级：濒危
保护等级：国家Ⅰ级

植株地下具较粗壮而短的根状茎。茎直立，较短。叶近对生，铺地；叶片宽卵形至近圆形；萼片绿黄色有栗色纵条纹，花瓣与唇瓣白色或淡黄色而有红色或栗红色斑点与条纹。花期5—7月。

产云南西北部和四川西南部。生于海拔2500～3600米的草坡上或疏林下。

中文名	描述

离萼杓兰
Cypripedium plectrochilum

兰科 Orchidaceae
杓兰属 *Cypripedium*

濒危等级：近危
保护等级：国家Ⅰ级

植株具粗壮、较短的根状茎。茎直立。叶片椭圆形至狭椭圆状披针形；萼片栗褐色或淡绿褐色，花瓣淡红褐色或栗褐色并有白色边缘，唇瓣白色而有粉红色晕。花期 4—6 月，果期 7 月。

产云南中部至西北部、湖北西部、四川西部和西藏东南部。生于海拔 2000～3600 米的林下、林缘、灌丛中或草坡上多石之地。

中文名	描述

西藏杓兰
Cypripedium tibeticum

兰科 Orchidaceae
杓兰属 *Cypripedium*

保护等级：国家Ⅰ级

植株具粗壮、较短的根状茎。茎直立。叶片椭圆形、卵状椭圆形或宽椭圆形；花大，俯垂，紫色、紫红色或暗栗色。花期 5—8 月。

产云南西北部、甘肃南部、四川西部等地。生于海拔2300～4200米的透光林下、林缘、灌木坡地、草坡或乱石地上。

中文名	描述

宽口杓兰
Cypripedium wardii

兰科 Orchidaceae
杓兰属 *Cypripedium*

濒危等级：濒危
保护等级：国家Ⅰ级

植株具细长的根状茎。茎直立。叶片椭圆形至椭圆状披针形。花序顶生，具 1 朵花；花较小，略带淡黄的白色。花期 6—7 月。

产云南西北部（德钦）和西藏东南部（察隅）。生于海拔2500～3500米的密林下、石灰岩岩壁上或溪边岩石上。

055

056

057

中文名

描述

丽江杓兰
Cypripedium lichiangense

兰科 Orchidaceae
杓兰属 *Cypripedium*

濒危等级：极危
保护等级：国家Ⅰ级

植株具粗壮、较短的根状茎。茎直立。叶近对生，铺地；叶片卵形、倒卵形至近圆形；萼片暗黄色而有浓密的红肝色斑点或完全红肝色，花瓣与唇瓣暗黄色而有略疏的红肝色斑点。花期5—7月。

产云南西北部和四川西南部。生于海拔2600~3500米的灌丛中或开旷疏林中。

中文名

描述

云南杓兰
Cypripedium yunnanense

兰科 Orchidaceae
杓兰属 *Cypripedium*

濒危等级：濒危
保护等级：国家Ⅰ级

茎直立。叶片椭圆形或椭圆状披针形。花序顶生；花略小，粉红色、淡紫红色或偶见灰白色。花期5月。

产云南西北部（香格里拉、丽江、洱源）、四川西部至西南部和西藏东南部。生于海拔2700~3800米的松林下、灌丛中或草坡上。

中文名

描述

长距石斛
Dendrobium longicornu

兰科 Orchidaceae
石斛属 *Dendrobium*

濒危等级：濒危
保护等级：国家Ⅰ级

茎丛生，质地稍硬，圆柱形。叶薄革质，数片，狭披针形。总状花序；花开展，除唇盘中央橘黄色外，其余为白色。花期9—11月。

产云南东南部至西北部、广西南部、西藏东南部。生于海拔1200~2500米的山地林中树干上。

058

058

059

059

060

061	中文名	描述

火烧兰
Epipactis helleborine

兰科 Orchidaceae
火烧兰属 *Epipactis*

保护等级：国家Ⅱ级

　　地生草本；根状茎粗短；叶片卵圆形、卵形至椭圆状披针形；总状花序；花绿色或淡紫色，下垂，较小；蒴果倒卵状椭圆状。花期7月，果期9月。

产云南、辽宁、河北等地。生于海拔250～3600米的山坡林下、草丛或沟边。

062	中文名	描述

大叶火烧兰
Epipactis mairei

兰科 Orchidaceae
火烧兰属 *Epipactis*

濒危等级：近危
保护等级：国家Ⅱ级

　　地生草本；根状茎粗短；叶片卵圆形、卵形至椭圆形；花黄绿带紫色、紫褐色或黄褐色，下垂；蒴果椭圆状。花期6—7月，果期9月。

产云南西北部、陕西、甘肃等地。生于海拔1200～3200米的山坡灌丛中、草丛中、河滩阶地或冲积扇等地。

063	中文名	描述

虎舌兰
Epipogium roseum

兰科 Orchidaceae
虎舌兰属 *Epipogium*

保护等级：国家Ⅱ级

　　地下具块茎，块茎狭椭圆形或近椭圆形，肉质，横卧。茎直立，白色，肉质，无绿叶；花白色；蒴果宽椭圆形。花果期4—6月。

产云南南部至东南部（勐腊、金平、西畴、丽江）、台湾、广东等地。生于林下或沟谷边荫蔽处，海拔500～1600米。

061

062

063

063

中文名	描述

二脊盆距兰
Gastrochilus affinis

兰科 Orchidaceae
盆距兰属 *Gastrochilus*

濒危等级：近危

附生兰花，植株丛生。叶数枚，肉质，狭长圆形，有紫色斑点。花序近顶生，总状花序。花萼片，花瓣和绿色或棕色。

产福贡与丽江。

中文名	描述

天麻
Gastrodia elata

兰科 Orchidaceae
天麻属 *Gastrodia*

保护等级：国家Ⅱ级

根状茎肥厚，块茎状，椭圆形至近哑铃形，肉质。茎直立，无绿叶。总状花序；花扭转，橙黄、淡黄、蓝绿或黄白色，近直立。蒴果倒卵状椭圆形。花果期5—7月。

产云南、贵州、西藏等地。生于疏林下，林中空地、林缘，灌丛边缘，海拔400～3200米。

中文名	描述

斑叶兰
Goodyera schlechtendaliana

兰科 Orchidaceae
斑叶兰属 *Goodyera*

濒危等级：近危
保护等级：国家Ⅱ级

根状茎伸长，茎状，匍匐，具节。茎直立。叶片卵形或卵状披针形；总状花序，近偏向一侧的花；花较小，白色或带粉红色。花期8—10月。

产云南、山西、陕西南部等地。生于海拔500～2800米的山坡或沟谷阔叶林下。

067

绒叶斑叶兰
Goodyera velutina

兰科 Orchidaceae
斑叶兰属 *Goodyera*

保护等级：国家Ⅱ级

植株较矮。根状茎伸长、茎状、匍匐。茎直立。叶片卵形至椭圆形；总状花序偏向一侧。花期9—10月。

产云南（彝良、丽江）、浙江、福建等地。生于海拔700～3000米的林下阴湿处。

068

川滇斑叶兰
Goodyera yunnanensis

兰科 Orchidaceae
斑叶兰属 *Goodyera*

濒危等级：近危
保护等级：国家Ⅱ级

根状茎伸长，茎状，匍匐，具节。茎粗壮，直立。叶片椭圆形或披针状椭圆形；总状花序具多数、密集偏向一侧的花；花小，白色或淡绿色，半张开。花期8—10月。

产云南（东川、丽江、德钦及高黎贡山西坡）、四川西部。生于海拔2600～3900米的林下或灌丛下。

069

脊唇斑叶兰
Goodyera fusca

兰科 Orchidaceae
斑叶兰属 *Goodyera*

濒危等级：近危
保护等级：国家Ⅱ级

根状茎短或稍长，茎状，匍匐，具节。茎短，粗壮，基部具多枚集生呈莲座状的叶。叶片卵形或卵状椭圆形；花小，白色，半张开。花期8—9月。

产云南西北部、西藏东南部至南部。生于海拔2600～4500米的林下、灌丛下或高山草甸。

中文名	描述

西南手参
Gymnadenia orchidis

兰科 Orchidaceae
手参属 *Gymnadenia*

濒危等级：易危
保护等级：国家Ⅱ级

　　块茎卵状椭圆形，肉质，下部掌状分裂。茎直立，圆柱形。叶片椭圆形或椭圆状长圆形。总状花序；花紫红色或粉红色，极罕为带白色。花期 7—9 月。

　　产云南西北部、陕西南部、甘肃东南部等地。生于海拔2800～4100米的山坡林下、灌丛下和高山草地中。

中文名	描述

滇蜀玉凤花
Habenaria balfouriana

兰科 Orchidaceae
玉凤花属 *Habenaria*

濒危等级：近危
保护等级：国家Ⅱ级

　　块茎肉质，长圆形。茎直立，圆柱形。叶片平展，稍肉质，卵形或宽椭圆形；花稍大，黄绿色。花期 7—8 月。

　　产于云南西北部和四川西南部。生于海拔2200～3600米的山坡林下或灌丛草地。

中文名	描述

厚瓣玉凤花
Habenaria delavayi

兰科 Orchidaceae
玉凤花属 *Habenaria*

濒危等级：近危
保护等级：国家Ⅱ级

　　块茎肉质，长圆形或卵形。茎直立，圆柱形。叶片圆形或卵形，稍肉质；花白色。花期 6—8 月。

　　产于云南西北部至东南部、四川西部、贵州。生于海拔 1500～3000 米的山坡林下、林间草地或灌丛草地。

中文名	描述

粉叶玉凤花
Habenaria glaucifolia

兰科 Orchidaceae
玉凤花属 *Habenaria*

保护等级：国家 II 级

块茎肉质，长圆形或卵形。茎直立。叶片平展，较肥厚，近圆形或卵圆形；花较大，白色或白绿色。花期 7—8 月。

产于云南西北部至东南部、陕西南部、甘肃南部等地。生于海拔 2000～4300 米的山坡林下、灌丛下或草地上。

中文名	描述

宽药隔玉凤花
Habenaria limprichtii

兰科 Orchidaceae
玉凤花属 *Habenaria*

濒危等级：近危
保护等级：国家 II 级

块茎卵状椭圆形或长圆形，肉质。叶片卵形至长圆状披针形。总状花序；花较大，绿白色。花期 6—8 月。

产于云南中部至北部、湖北西部与四川。生于海拔2200～3500米的山坡林下、灌丛或草地。

中文名	描述

落地金钱
Habenaria aitchisonii

兰科 Orchidaceae
玉凤花属 *Habenaria*

保护等级：国家 II 级

块茎肉质，长圆形或椭圆形。茎直立，圆柱形。叶片平展，卵圆形或卵形；花较小，黄绿色或绿色。花期 7—9 月。

产于云南（西北部至昆明）、青海南部、四川西部等地。生于海拔2100～4300米的山坡林下、灌丛下或草地上。

中文名	描述

076

扇唇舌喙兰
Hemipilia flabellata

兰科 Orchidaceae
舌喙兰属 *Hemipilia*

濒危等级：近危
保护等级：国家Ⅱ级

直立草本，块茎狭椭圆状。叶片心形、卵状心形或宽卵形。总状花序；花颜色变化较大，从紫红色到近纯白色；蒴果圆柱形。花期6—8月。

产云南中部和西北部、四川西南部、贵州西北部。生于海拔2000～3200米的林下、林缘或石灰岩石缝中。

077

裂瓣角盘兰
Herminium alaschanicum

兰科 Orchidaceae
角盘兰属 *Herminium*

濒危等级：近危
保护等级：国家Ⅱ级

块茎圆球形，肉质。茎直立，无毛。叶片狭椭圆状披针形。总状花序具多数花；花小，绿色。花期6—9月。

产于云南（西北部）、内蒙古、河北等地。生于海拔1800～4500米的山坡草地、高山栎林下或山谷峪坡灌丛草地。

078

叉唇角盘兰
Herminium lanceum

兰科 Orchidaceae
角盘兰属 *Herminium*

保护等级：国家Ⅱ级

块茎圆球形或椭圆形，肉质。茎直立，无毛。叶互生，叶片线状披针形。总状花序具多数密生的花；花小，黄绿色或绿色。花期6—8月。

产于云南、陕西、甘肃等地。生于海拔730～3400米的山坡杂木林至针叶林下、竹林下、灌丛下或草地中。

076

077

076

078

中文名	描述

角盘兰
Herminium monorchis

兰科 Orchidaceae
角盘兰属 *Herminium*

濒危等级：近危
保护等级：国家 II 级

块茎球形，肉质。茎直立，无毛。叶片狭椭圆状披针形或狭椭圆形。总状花序；花苞片线状披针形；花小，黄绿色。花期 6—7（—8）月。

产于云南（西北部）、四川、西藏等地。生于海拔600～4500米的山坡阔叶林至针叶林下、灌丛下、山坡草地或河滩沼泽草地中。

中文名	描述

宽卵角盘兰
Herminium josephii

兰科 Orchidaceae
角盘兰属 *Herminium*

濒危等级：近危
保护等级：国家 II 级

块茎卵球形或椭圆形，肉质。茎直立，较粗壮。叶片长圆形或线状披针形，直立伸展。总状花序；花苞片卵状披针形至披针形；子房纺锤形，扭转；花较小，稍疏生，萼片绿色，花瓣和唇瓣黄绿色；中萼片卵形；侧萼片偏斜的卵状披针形；花瓣卵状披针形；唇瓣宽卵形至心形，基部略凹陷呈浅囊状。花期 7—8 月。

产于云南（西北部至东北部）、四川、西藏。生于海拔1950～3900米的山坡林下、冷杉林缘、高山灌丛草甸或高山草甸中。

中文名	描述

雅致角盘兰
Herminium glossophyllum

兰科 Orchidaceae
角盘兰属 *Herminium*

濒危等级：近危
保护等级：国家 II 级

块茎长圆形，肉质。茎直立，近基部具叶。叶直立伸展，叶片长圆状椭圆形或卵状椭圆形，基部抱茎。总状花序具多数近密生或稍疏散的花；花中等大，黄绿色，垂头钩曲，由于子房强烈扭转，其唇瓣位于上方；距极短，囊状。花期 6—8 月。

产于云南（丽江）和四川（康定）。生于海拔3100～3600米的山坡草地中。

079

080

081

沼兰
Malaxis monophyllos

兰科 Orchidaceae
原沼兰属 *Malaxis*

保护等级：国家Ⅱ级

描述

地生草本。假鳞茎卵形。叶卵形、长圆形或近椭圆形；叶柄多少鞘状。总状花序；花小，较密集，淡黄绿色至淡绿色。花果期7—8月。

产云南西北部、四川、西藏等地。生于林下、灌丛中或草坡上，海拔变化较大，在北方诸省，海拔为800～2400米，台湾为2000～2300米，而在云南西北部和西藏则上升到2500～4100米。

尖唇鸟巢兰
Neottia acuminata

兰科 Orchidaceae
鸟巢兰属 *Neottia*

保护等级：国家Ⅱ级

描述

茎直立，无绿叶。总状花序顶生；花小，黄褐色，常聚生而呈轮生状。蒴果椭圆形。花果期6—8月。

产四川、云南、西藏等地。生于海拔1500～4100米的林下或荫蔽草坡上。

大花鸟巢兰
Neottia megalochila

兰科 Orchidaceae
鸟巢兰属 *Neottia*

濒危等级：易危
保护等级：国家Ⅱ级

描述

茎直立，无绿叶。总状花序顶生；花较大，黄绿色或淡绿色。花期7—8月。

产云南西北部（丽江、香格里拉）和四川西部。生于海拔3000～3800米的松林下或荫蔽草坡上。

085

高山对叶兰
Neottia bambusetorum

兰科 Orchidaceae
对叶兰属 *Listera*

濒危等级：濒危

植株具短的根状茎。茎约在中部以上具 2 片对生叶。叶片卵圆形或肾形。总状花序；花绿色。花期 7 月。

产云南西北部。生于海拔3275～3350米。

086

密花兜被兰
Neottianthe cucullata var. *calcicola*

兰科 Orchidaceae
兜被兰属 *Neottianthe*

保护等级：国家 II 级

块茎球形。茎直立，具 2 片叶。叶常直立伸展，近对生，叶片披针形、倒披针状匙形或狭长圆形。总状花序；花淡红色或玫瑰红色，密集，常偏向一侧。花期 7—9 月。

产于云南西北部、西藏东部至南部、四川西部至南部等地。生于海拔2100～4500米的山坡林下、灌丛下和高山草地。

087

二叶兜被兰
Neottianthe cucullata

兰科 Orchidaceae
兜被兰属 *Neottianthe*

保护等级：国家 II 级

块茎圆球形或卵形。茎直立或近直立，其上具 2 片近对生的叶。叶近平展或直立伸展，叶片卵形、卵状披针形或椭圆形，叶上面有时具少数或多而密的紫红色斑点。总状花序常偏向一侧；花紫红色或粉红色。花期 8—9 月。

产于云南西北部、四川西部、西藏东部至南部等地。生于海拔400～4100米的山坡林下或草地。

085

085

086

087

中文名	描述

短距红门兰
Orchis brevicalcarata

兰科 Orchidaceae
红门兰属 *Orchis*

濒危等级：近危
保护等级：国家Ⅱ级

块茎椭圆形或卵球形，肉质。茎直立和近直立。叶1片，基生，叶片心形或宽卵形；花紫红色。花期6—7月。

产于云南西北部、四川西南部；生于海拔1500～3400米的山坡林下或草地。

中文名	描述

短梗山兰
Oreorchis erythrochrysea

兰科 Orchidaceae
山兰属 *Oreorchis*

濒危等级：近危
保护等级：国家Ⅱ级

假鳞茎宽卵形至近长圆形。叶生于假鳞茎顶端，狭椭圆形至狭长圆状披针形。总状花序；花黄色，唇瓣有栗色斑。花期5—6月。

产云南西北部、西藏东南部、四川西南部。生于林下、灌丛中和高山草坡上，海拔2900～3600米。

中文名	描述

长叶山兰
Oreorchis fargesii

兰科 Orchidaceae
山兰属 *Oreorchis*

濒危等级：近危
保护等级：国家Ⅱ级

假鳞茎椭圆形至近球形。叶2片，生于假鳞茎顶端，线状披针形或线形。花葶从假鳞茎侧面发出，直立；总状花序；花通常白色并有紫纹。蒴果狭椭圆形。花期5—6月，果期9—10月。

产云南、陕西南部、甘肃南部等地。生于林下、灌丛中或沟谷旁，海拔700～2600米。

091	中文名	描述

平卧曲唇兰
Panisea cavaleriei

兰科 Orchidaceae
曲唇兰属 *Panisea*

保护等级：国家Ⅱ级

假鳞茎彼此相连接，基部着生于短的根状茎上；每个假鳞茎狭长圆形或卵状长圆形，顶端生1片叶。叶狭椭圆形至椭圆形；花单朵，淡黄白色。花期12月至次年4月。

产云南、广西西南部、贵州西南部。生于林中或水旁荫蔽岩石上，海拔2000米以下。

092	中文名	描述

凸孔阔蕊兰
Peristylus coeloceras

兰科 Orchidaceae
阔蕊兰属 *Peristylus*

保护等级：国家Ⅱ级

块茎卵球形。茎直立，无毛。叶片狭椭圆状披针形或椭圆形。总状花序；花小，密集，白色。花期6—8月。

产于云南西北部至东北部、四川西部、西藏东部至东南部。生于海拔2000～3900米的山坡针阔叶混交林下、山坡灌丛下和高山草地。

093	中文名	描述

一掌参
Peristylus forceps

兰科 Orchidaceae
阔蕊兰属 *Peristylus*

保护等级：国家Ⅱ级

块茎卵圆形或卵状长圆形，肉质。大叶直立伸展，线形或线状长圆形。总状花序圆柱状；花小，黄绿色。花期8—9月。

产于云南的中部、西部至西南部。生于海拔1660～2800米的山坡林下或草地上。

091

091

092

093

093

| 中文名 | 描述 |

二叶舌唇兰
Platanthera chlorantha

兰科 Orchidaceae
舌唇兰属 *Platanthera*

保护等级：国家Ⅱ级

　　块茎卵状纺锤形，肉质。茎直立，近基部具2片彼此紧靠、近对生的大叶。基部大叶片椭圆形或倒披针状椭圆形。总状花序；花较大，绿白色或白色。花期6—7（—8）月。

　　产于云南、四川、西藏等地。生于海拔400～3300米的山坡林下或草丛中。

| 中文名 | 描述 |

白鹤参
Platanthera latilabris

兰科 Orchidaceae
舌唇兰属 *Platanthera*

保护等级：国家Ⅱ级

　　块茎椭圆形或卵球形，肉质。茎伸长，圆柱形，直立。叶互生，叶片卵形或长圆形。总状花序；花中等大或较大，带黄绿色。花期7—8月。

　　产于云南东北部至西北部、四川西南部和西藏东南部至南部。生于海拔1600～3500米的山坡林下、灌丛下或草地。

| 中文名 | 描述 |

小花舌唇兰
Platanthera minutiflora

兰科 Orchidaceae
舌唇兰属 *Platanthera*

濒危等级：近危
保护等级：国家Ⅱ级

　　根状茎匍匐，肉质，圆柱形。茎直立。大叶片匙形或椭圆状匙形。总状花序；花黄绿色或绿白色，较小。花期6—7月。

　　产于云南（丽江、香格里拉、德钦）、陕西、西藏等地。生于海拔2700～4100米的山坡林下。

中文名	描述

滇西舌唇兰
Platanthera sinica

兰科 Orchidaceae
舌唇兰属 *Platanthera*

濒危等级：易危
保护等级：国家 II 级

根状茎匍匐，肉质。茎直立。叶片长圆形或椭圆形。总状花序；花瓣白色或带黄色。花期 6—7 月。

产于云南（富源、洱源、丽江、香格里拉、维西、贡山）。生于海拔 2500～3500 米的山坡林下或草坡。

中文名	描述

独蒜兰
Pleione bulbocodioides

兰科 Orchidaceae
独蒜兰属 *Pleione*

保护等级：国家 II 级

半附生草本。假鳞茎卵形至卵状圆锥形。叶在花期尚幼嫩，长成后狭椭圆状披针形或近倒披针形。花葶从无叶的老假鳞茎基部发出；花粉红色至淡紫色，唇瓣上有深色斑。蒴果近长圆形。花期 4—6 月。

产云南西北部、西藏东南部陕西南部、甘肃南部等地。生于常绿阔叶林下或灌木林缘腐植质丰富的土壤上或苔藓覆盖的岩石上，海拔 900～3600 米。

中文名	描述

云南朱兰
Pogonia yunnanensis

兰科 Orchidaceae
朱兰属 *Pogonia*

濒危等级：濒危
保护等级：国家 II 级

植株矮。根状茎短，生数条细长的根。茎直立。叶稍肉质，近椭圆形；花单朵顶生，紫色或粉红色。蒴果直立，倒卵状椭圆形。花期 6—7 月，果期 10 月。

产云南西北部（大理、贡山）、四川西部至西南部和西藏东南部。生于高山草地或冷杉林下，海拔 2300～3300 米。

中文名

广布小红门兰
Ponerorchis chusua

兰科 Orchidaceae
小红门兰属 *Ponerorchis*

保护等级：国家 II 级

描述

多年生宿根植物。块茎长圆形或球形。叶子茎互生，线性，披针形，或椭圆形。总状花序直立或稍弯曲，多花。花通常偏向一边的，粉红色、紫色红色或紫色。花期 6 月 -8 月。

全国广布，生于森林、灌丛或高山草地，海拔500～4500m。

中文名

缘毛鸟足兰
Satyrium nepalense var. *ciliatum*

兰科 Orchidaceae
鸟足兰属 *Satyrium*

保护等级：国家 II 级

描述

植株具地下具块茎；块茎长圆状椭圆形或椭圆形。茎直立。叶片卵状披针形至狭椭圆状卵形。总状花序；花粉红色，通常两性。蒴果椭圆形。花果期 8—10 月。

产于云南西部至西北部、西藏南部至东南部湖南西北部、四川西部至西南部等地。生于海拔1800～4100米的草坡上、疏林下或高山松林下。

中文名

云南鸟足兰
Satyrium yunnanense

兰科 Orchidaceae
鸟足兰属 *Satyrium*

濒危等级：濒危
保护等级：国家 II 级

描述

植株具地下具块茎；块茎椭圆形或近卵形。茎直立。叶片卵形至近椭圆形。总状花序较粗短；花黄色至近金黄色。蒴果椭圆形。花果期 8—11 月。

产于云南中部至西北部（昆明、鹤庆、丽江、香格里拉）和四川西南部。生于海拔2000～3700米的疏林下、草坡上或乱石岗上。

100

101

100

102

中文名	描述

103

绶草
Spiranthes sinensis

兰科 Orchidaceae
绶草属 *Spiranthes*

保护等级：国家 II 级

多年生植物。根数条，指状，肉质，簇生于茎基部。茎较短。叶片宽线形或宽线状披针形。总状花序；花小，紫红色、粉红色或白色，在花序轴上呈螺旋状排生。花期 7—8 月。

产于全国各省区。生于海拔200～3400米的山坡林下、灌丛下、草地或河滩沼泽草甸中。

中文名	描述

104

卵叶山葱
Allium ovalifolium

石蒜科 Amaryllidaceae
葱属 *Allium*

濒危等级：近危

鳞茎单一，近圆柱状；鳞茎外皮破裂成纤维状，呈明显的网状。叶 2 片，靠近或近对生状，披针状矩圆形至卵状矩圆形，基部圆形至浅心形。伞形花序球状；花白色，稀淡红色；子房具 3 圆棱，每室 1 胚珠。花果期 7—9 月。

产云南（西北部）、贵州、四川等地。生于海拔1500～4000米的林下、阴湿山坡、湿地、沟边或林缘。

中文名	描述

105

高大鹿药
Maianthemum atropurpureum

天门冬科 Asparagaceae
舞鹤草属 *Maianthemum*

濒危等级：近危

植株高；根状茎横走。茎上部或中部以上被粗短毛。叶通常矩圆形或卵状椭圆形；花白色，稍带紫色或紫红色。浆果球形。花期 5—6 月，果期 8—9 月。

产云南（西北部）和四川。生于林下荫处，海拔2100～3400米。

中文名	描述

106

先花象牙参
Roscoea praecox

姜科 Zingiberaceae
象牙参属 *Roscoea*

濒危等级：近危

多年生宿根植物。先花后叶。花序经常完全藏在叶丛中，但是花序有时候也会先于叶丛长出地表。先花象牙参花朵硕大，花紫色，紫色，或白色。花期 4 月—6 月。

▌产云南（滇西北）2200～2300m山坡灌丛中。

107

昆明象牙参
Roscoea kunmingensis

姜科 Zingiberaceae
象牙参属 *Roscoea*

濒危等级：近危

多年生宿根植物。叶片披针形或狭披针形。1 朵或 2 朵花。叶开始生长之前开花，花小，唇瓣深裂，苞片较短。子房圆筒状。种子倒卵球形。花期 5—6 月。

▌产云南（昆明至西北部），海拔2100～2200m，林下生长。

108

蒙自谷精草
Eriocaulon henryanum

谷精草科 Eriocaulaceae
谷精草属 *Eriocaulon*

濒危等级：濒危

草本。叶剑状线形，丛生；总（花）托有密毛；雄花：花萼合生；雌花：萼片 3 枚，舟形。种子表面具横格及条状突起。花果期 4—9 月。

▌产云南。生于山坡沟边湿处，常生于海拔1270～3000米的山地林区。

滇西北　　　　珍稀濒危保护　　植物图册

073

中文名	描述

长果绿绒蒿
Meconopsis delavayi

罂粟科 Papaveraceae
绿绒蒿属 *Meconopsis*

濒危等级：近危

多年生草本。主根圆柱形，根茎短。叶全部基生，叶片卵形、披针形、狭披针形或近匙形。花单生于花葶上；花瓣深紫色或蓝紫色。蒴果狭长圆形或近圆柱形。种子镰状长圆形，种皮光滑或具纵纹。花果期 5—10 月。

特产于云南丽江玉龙雪山至鹤庆，生于海拔2700～4000米的草坡。

中文名	描述

秀丽绿绒蒿
Meconopsis venusta

罂粟科 Papaveraceae
绿绒蒿属 *Meconopsis*

濒危等级：易危

一年生草本。主根肥厚。叶全部基生，叶片厚且近肉质，卵形或长圆形，羽状深裂。花单生于花葶上；花瓣 4 片，倒卵形至近圆形，淡蓝色、淡紫色或深紫色；子房狭椭圆形或椭圆状长圆形。蒴果狭长圆形或近圆柱形。种子狭长圆形或椭圆状长圆形，种皮具细纵纹。花果期 7—8 月。

产云南西北部，生于海拔3300～4650米的山坡。

中文名	描述

星叶草
Circaeaster agrestis

星叶草科 Circaeasteraceae
星叶草属 *Circaeaster*

濒危等级：近危

一年生小草本。叶菱状倒卵形、匙形或楔形。花小；瘦果狭长圆形或近纺锤形，有密或疏的钩状毛。4—6 月开花。

在我国分布于云南西北部、西藏东部、四川西部等地。生山谷沟边、林中或湿草地。

109

110

110

111

中文名

南方山荷叶
Diphylleia sinensis

小檗科 Berberidaceae
山荷叶属 *Diphylleia*

保护等级：国家Ⅱ级

描述

多年生草本。叶片盾状着生，肾形或肾状圆形至横向长圆形。聚伞花序顶生。浆果球形或阔椭圆形，熟后蓝黑色，微被白粉，果梗淡红色。种子通常三角形或肾形，红褐色。花期5—6月，果期7—8月。

产于云南、陕西、四川等地。生于落叶阔叶林或针叶林下、竹丛或灌丛下。海拔1880～3700米。

中文名

桃儿七
Sinopodophyllum hexandrum

小檗科 Berberidaceae
桃儿七属 *Sinopodophyllum*

保护等级：国家Ⅱ级

描述

多年生草本，根状茎粗短；茎直立，单生。叶薄纸质，非盾状，基部心形。花大，单生，先叶开放，粉红色；子房椭圆形，熟时桔红色；种子卵状三角形，红褐色，无肉质假种皮。花期5—6月，果期7—9月。

产于云南、四川、西藏等地。生于林下、林缘湿地、灌丛中或草丛中。海拔2200～4300米。

中文名

粗花乌头
Aconitum crassiflorum

毛茛科 Ranunculaceae
乌头属 *Aconitum*

濒危等级：近危

描述

根长。茎高，被反曲的淡黄色短糙毛。叶片圆肾形或肾形。总状花序具稀疏排列的花；萼片蓝紫色；花瓣无毛；心皮3，子房疏被短毛。7—8月开花。

分布于云南西北部（维西、丽江及香格里拉）及四川西南部。生海拔3200～4200米间山地草坡、矮杜鹃灌丛或林下。

112

113

114

114

中文名

丽江乌头
Aconitum forrestii

毛茛科 Ranunculaceae
乌头属 *Aconitum*

濒危等级：易危

描述

　　块根胡萝卜形。茎被反曲的短柔毛。叶片坚纸质，宽卵形或五角状卵形。顶生总状花序多少狭长，具多数密集的花；萼片紫蓝色；花瓣无毛，顶端向外弯，距半圆形；心皮无毛。9月开花。

分布于云南西北部（丽江）及四川西南部。生海拔3100米一带山地草坡或林边。

中文名

玉龙乌头
Aconitum stapfianum

毛茛科 Ranunculaceae
乌头属 *Aconitum*

濒危等级：近危

描述

　　块根狭倒圆锥形或胡萝卜形。茎缠绕。茎中部叶的叶片五角形；萼片蓝色；花瓣无毛，距向后弯曲；心皮无毛。蓇葖直。9—10月开花。

产我国云南西北部（丽江玉龙山一带）。生海拔2800～3400米山地灌丛中或树上。

中文名

短柄乌头
Aconitum brachypodum

毛茛科 Ranunculaceae
乌头属 *Aconitum*

濒危等级：濒危

描述

　　块根胡萝卜形。茎疏被反曲而紧贴的短柔毛，密生叶。叶片卵形或三角状宽卵形，三全裂。总状花序；萼片紫蓝色；花瓣无毛；子房密被斜展的黄色长柔毛。9—10月开花。

产我国云南西北部（丽江）及四川西南部。生海拔2800～3700米间山地草坡，有时生多石砾处。

115

116

117

117

118	中文名	描述

罂粟莲花
Anemoclema glaucifolium

毛茛科 Ranunculaceae
罂粟莲花属 *Anemoclema*

濒危等级：近危

具根状茎，直或斜。叶片匙状长圆形或长圆形，近对生或互生，羽状分裂。聚伞花序。瘦果，稍扁，密被长柔毛。7—9月开花。

产云南西北部（洱源、丽江、香格里拉）和四川西南部。生海拔1750～3000米间山地草坡或云南松林中草地。

119	中文名	描述

黄三七
Souliea vaginata

毛茛科 Ranunculaceae
黄三七属 *Souliea*

濒危等级：近危

根状茎粗壮，横走。叶二至三回三出全裂，叶片三角形。总状花序；花先叶开放。蓇葖果；种子成熟时黑色，表面密生网状的洼陷。5—6月开花，7—9月结果。

在我国分布于云南西北部、西藏东南部、四川西部等地。生海拔2800～4000米间山地林中、林缘或草坡中。

120	中文名	描述

水青树
Tetracentron sinense

水青树科 Trochodendraceae
水青树属 *Tetracentron*

保护等级：国家Ⅱ级

乔木，全株无毛。叶片卵状心形。花小，呈穗状花序，花序下垂，着生于短枝顶端；花被淡绿色或黄绿色；种子条形。花期6—7月，果期9—10月。

产滇西北、滇东北、龙陵等，生于海拔1700～3500米的沟谷林及溪边杂木林中。

中文名	描述

滇牡丹
Paeonia delavayi

毛茛科 Ranunculaceae
芍药属 *Paeonia*

保护等级：国家Ⅱ级

亚灌木，全体无毛。叶为二回三出复叶；叶片轮廓为宽卵形或卵形，羽状分裂，裂片披针形至长圆状披针形。花生枝顶和叶腋；花瓣红色、红紫色。花期5月；果期7—8月。

分布于云南西北部、四川西南部及西藏东南部。生海拔2300～3700米的山地阳坡及草丛中。

中文名	描述

柴胡红景天
Rhodiola bupleuroides

景天科 Crassulaceae
红景天属 *Rhodiola*

保护等级：国家Ⅱ级

多年生草本。根颈粗。花茎少。叶互生，无柄或有短柄，厚草质，形状与大小变化很大，狭至宽椭圆形、近圆形或狭至宽卵形或倒卵形或长圆状卵形。伞房状花序顶生；雌雄异株；花瓣5片，暗紫红色，雄花的倒卵形至狭倒卵形，雌花的狭长圆形至长圆形或狭长圆状卵形。花期6—8月，果期8—9月。

产云南西北部、西藏、四川西部。生于海拔2400～5700米的山坡石缝中或灌丛中或草地上。

中文名	描述

菊叶红景天
Rhodiola chrysanthemifolia

景天科 Crassulaceae
红景天属 *Rhodiola*

保护等级：国家Ⅱ级

多年生草本。主根粗，分枝。根颈长。花茎被微乳头状突起，仅先端着叶。叶长圆形、卵形或卵状长圆形。伞房状花序，紧密；花两性。菁葖5，披针形，直立。花期8月，果期9—10月。

产云南西北部及四川西南部。生于海拔3200～4200米的山坡石缝中。

121

122

123

中文名

大花红景天
Rhodiola crenulata

景天科 Crassulaceae
红景天属 *Rhodiola*

濒危等级：濒危
保护等级：国家Ⅱ级

描述

　　多年生草本。地上的根颈短。不育枝直立，先端密着叶，叶宽倒卵形。花茎多，直立或扇状排列。叶有短的假柄，椭圆状长圆形至几为圆形。花序伞房状，有多花；雌雄异株；花瓣5片，红色，倒披针形；雌花蓇葖5，直立，花枝短，干后红色；种子倒卵形，两端有翅。花期6—7月，果期7—8月。

　　产云南西北部、西藏、四川西部。生于海拔2800～5600米的山坡草地、灌丛中、石缝中。

中文名

长鞭红景天
Rhodiola fastigiata

景天科 Crassulaceae
红景天属 *Rhodiola*

保护等级：国家Ⅱ级

描述

　　多年生草本。根颈不分枝或少分枝。花茎着生主轴顶端，叶密生。叶互生，线状长圆形、线状披针形、椭圆形至倒披针形。花序伞房状；雌雄异株；花瓣5片，红色，长圆状披针形。蓇葖长直立，先端稍向外弯。花期6—8月，果期9月。

　　产我国云南、西藏、四川。生于海拔2500～5400米的山坡石上。

中文名

长圆红景天
Rhodiola forrestii

景天科 Crassulaceae
红景天属 *Rhodiola*

濒危等级：近危
保护等级：国家Ⅱ级

描述

　　多年生草本。根颈直立或倾斜。花茎直立。4叶轮生或3叶轮生，或在下部为对生，近线状长圆形，或下部叶为披针状长圆形至卵状长圆形。聚伞圆锥花序顶生或聚伞花序腋生；雌雄异株。花期6—7月，果期8月。

　　产云南西北部及四川西部。生于海拔2900～4000米的山坡上。

124

125

126

中文名

报春红景天
Rhodiola primuloides

景天科 Crassulaceae
红景天属 *Rhodiola*

保护等级：国家Ⅱ级

描述

多年生草本。根颈粗，分枝，叶密生。基生叶倒披针形、倒卵形至宽卵形。花单生或2朵花着生；花瓣5片，白色，卵形。种子少数，长圆状披针形，一边有狭翅。花期5—8月，果期9—10月。

产云南大理、丽江及四川木里。生于海拔2500～4450米处山谷石上。

中文名

紫绿红景天
Rhodiola purpureoviridis

景天科 Crassulaceae
红景天属 *Rhodiola*

保护等级：国家Ⅱ级

描述

多年生草本。根颈直立，粗。花茎少数，直立，密被腺毛。叶互生，多，狭长圆状披针形，叶下面有腺毛。伞房状花序伞形；雌雄异株；花瓣5片，绿色，线状倒披针形。蓇葖有外弯的喙。花期6—8月。

产云南西北部及四川西部。生于海拔2500～4100米的山地草坡上或林边。

中文名

云南红景天
Rhodiola yunnanensis

景天科 Crassulaceae
红景天属 *Rhodiola*

保护等级：国家Ⅱ级

描述

多年生草本。根颈粗，长。花茎单生或少数着生。3叶轮生，稀对生，卵状披针形、椭圆形、卵状长圆形至宽卵形。聚伞圆锥花序；雌雄异株，稀两性花；雄花花瓣4片，黄绿色，匙形；雌花萼片、花瓣各4片，绿色或紫色，线形。蓇葖星芒状排列。花期5—7月，果期7—8月。

产西藏、云南、贵州等地。生于海拔2000～4000米的山坡林下。

127

128

129

中文名	描述

喜马红景天
Rhodiola himalensis

景天科 Crassulaceae
红景天属 *Rhodiola*

保护等级：国家Ⅱ级

年生草本。花茎直立，常带红色，被多数透明的小腺体。叶互生，疏覆瓦状排列，披针形至倒披针形或倒卵形至长圆状倒披针形，全缘或先端有齿。花序伞房状，花梗细；雌雄异株；花瓣深紫色。雌花不具雄蕊；心皮直立。花期 5—6 月，果期 8 月。

产西藏、云南及四川西北部。生于海拔3700~4200米的山坡上、林下、灌丛中。

中文名	描述

镘瓣景天
Sedum trullipetalum

景天科 Crassulaceae
景天属 *Sedum*

濒危等级：近危

多年生草本。不育茎密丛生；花茎不分枝或由基部分枝。叶半长圆形至狭三角形，花瓣黄色，镘状。种子长圆形，有小乳头状突起。花期 8—10 月，果期 10—11 月。

产云南西北部、四川西部、西藏南部。生于山坡及山顶草地或干地上，海拔2700~4200米。

中文名	描述

锈毛两型豆
Amphicarpaea ferruginea

豆科 Leguminosae
两型豆属 *Amphicarpaea*

保护等级：国家Ⅱ级

多年生草质藤本。茎稍粗壮，密被黄褐色长柔毛。叶具羽状 3 小叶。总状花序；花冠红色至紫蓝色。荚果椭圆形；种子肾形，黑褐色。花期 6—7 月，果期 8—10 月。

产云南、四川。常生于海拔2300-3000米的山坡林下。

130

130

131

132

133	中文名		描述	

小鸡藤
Dumasia forrestii

豆科 Fabaceae
山黑豆属 *Dumasia*

濒危等级：近危

缠绕草本。全株无毛或近无毛，茎纤细。叶具羽状 3 小叶；小叶近纸质，等大或近等大，卵形、宽卵形或近圆形。总状花序腋生；花密集，淡黄色。荚果线状长圆形；种子通常 1～2 颗。花期 8—9 月，果期 10 月后。

产云南、西藏、四川。常生于海拔1800～3200米的山坡灌丛中。

134	中文名		描述	

云南甘草
Glycyrrhiza yunnanensis

豆科 Fabaceae
甘草属 *Glycyrrhiza*

濒危等级：易危

多年生草本。茎直立，带木质，多分枝。叶长 8～16 厘米；奇数羽状复叶；小叶披针形或卵状披针形。总状花序腋生，花多数，密集成球状。果序球状，荚果密集，长卵形。种子褐色，肾形。花期 5—6 月，果期 7—9 月。

产云南。生于林缘、灌丛中、田边、路旁。

135	中文名		描述	

光核桃
Amygdalus mira

蔷薇科 Rosaceae
桃属 *Amygdalus*

保护等级：国家Ⅱ级

乔木。叶片披针形或卵状披针形。花单生，先于叶开放；花瓣宽倒卵形，粉红色。果实近球形，肉质；核扁卵圆形。花期 3—4 月，果期 8—9 月。

产云南、四川、西藏。生于山坡杂木林中或山谷沟边，海拔2000～3400米。野生或栽培。

133

134

135

136

中文名	描述

沧江海棠
Malus ombrophila

蔷薇科 Rosaceae
苹果属 *Malus*

濒危等级：近危

乔木。叶片卵形。伞形总状花序；花瓣卵形，基部有短爪，白色。果实近球形，红色，萼片永存；果梗有长柔毛。花期 6 月，果期 8 月。

产于云南西北部、四川西南部。生山谷沟边杂木林中，海拔 2000～3500 米。

137

中文名	描述

丽江蔷薇
Rosa lichiangensis

蔷薇科 Rosaceae
蔷薇属 *Rosa*

濒危等级：极危

攀援小灌木；枝散生短粗、稍弯曲的皮刺。小叶 3～5 片；小叶片椭圆形或倒卵形。花 2～4 朵排成伞形伞房状；花瓣粉红色，倒卵形。

产云南（丽江）。多生灌木丛中。

138

中文名	描述

毛叶鲜卑花
Sibiraea tomentosa

蔷薇科 Rosaceae
鲜卑花属 *Sibiraea*

濒危等级：易危

灌木。叶互生，密集在枝条顶端，长圆倒卵形至倒披针形。顶生密集穗状圆锥花序；花瓣匙形，先端钝，浅黄白色。蓇葖果直立。花期 6 月，果期 8 月。

产云南西北部。生于高山溪岸、潮湿多石地，海拔3500～4000米。

136

137

137

138

139	中文名	描述

丽江绣线菊
Spiraea lichiangensis

蔷薇科 Rosaceae
绣线菊属 *Spiraea*

濒危等级：易危

灌木，小枝细弱，无毛。叶片宽卵形。花序伞房状；花白色。花期6—7月。

产云南（丽江）。生丛林中或开旷松林下，海拔3500~4000米。

140	中文名	描述

腋花勾儿茶
Berchemia edgeworthii

鼠李科 Rhamnaceae
勾儿茶属 *Berchemia*

濒危等级：近危

多分枝矮小灌木；叶极小，卵形、矩圆形或近圆形。花小，白色，单生或簇生于叶腋。核果圆柱形，成熟时桔红色或紫红色，具甜味，基部有不显露的花盘和萼筒；果梗短无毛。花期7—10月，果期翌年4—7月。

产云南西北部（丽江、香格里拉、德钦）、四川西部至西南部、西藏南部至东南部。常见于亚高山灌丛或峭壁上，海拔2100~4500米。

141	中文名	描述

胡桃
Juglans regia

胡桃科 Juglandaceae
胡桃属 *Juglans*

濒危等级：易危
保护等级：国家Ⅱ级

乔木。奇数羽状复叶，叶柄及叶轴幼时被有极短腺毛及腺体；小叶椭圆状卵形至长椭圆形。雄性葇荑花序下垂。果序短，俯垂，具1~3果实；果实近于球状，无毛；果核稍具皱曲。花期5月，果期10月。

分布于中亚、西亚、南亚和欧洲。生于海拔400~1800米之山坡及丘陵地带，我国平原及丘陵地区常见栽培，喜肥沃湿润的沙质壤土，常见于山区河谷两旁土层深厚的地方。

139

140

141

142	中文名	描述

泡核桃
Juglans sigillata

胡桃科 Juglandaceae
胡桃属 *Juglans*

濒危等级：易危

乔木。单数羽状复叶，稀顶生小叶退化；小叶卵状披针形或椭圆状披针形。雄花序粗壮，花序轴密生腺毛。果倒卵圆形或近球形；果核倒卵形，两侧稍扁，表面具皱曲。花期3—4月，果期9月。

产于云南、贵州、四川西部、西藏雅鲁藏布江中下游。生于海拔1300～3300米山坡或山谷林中。云南已长期栽培，有数品种。

143	中文名	描述

全柱秋海棠
Begonia grandis subsp. *holostyla*

秋海棠科 Begoniaceae
秋海棠属 *Begonia*

濒危等级：近危

草本。茎细弱，常不分枝。叶片三角状卵形。花序呈短伞房状或圆锥状聚伞花序。蒴果顶端有短粗之喙。花期7—8月，果期9—10月。

产云南（东川、富民、嵩明、香格里拉和丽江）、四川。生于灌丛阴湿处石上、阴湿处石灰岩石缝中、山坡常绿阔叶林下和潮湿的岩石边，海拔2200～2800米。

144	中文名	描述

丽江卫矛
Euonymus lichiangensis

卫矛科 Celastraceae
卫矛属 *Euonymus*

濒危等级：易危

常绿灌木。叶近革质，窄长披针形。聚伞花序常密集于小枝基部；花4朵，黄绿色。蒴果红色；种子阔卵圆锥状，包围种子基部。花期5—6月，果期10月。

产于云南西北部。生长于山坡上。

142

143

144

中文名

染用卫矛
Euonymus tingens

卫矛科 Celastraceae
卫矛属 *Euonymus*

濒危等级：近危

描述

乔木。叶厚革质，长方窄椭圆形。聚伞花序集生小枝顶端；花瓣白绿色带紫色脉纹。蒴果倒锥状或近球状；种子棕色或深棕色，长圆卵状，基部种脐不甚明显，假种皮橘黄色，厚而多皱纹，冠状覆盖种子。

产于云南、四川、广西及西藏。生长于海拔2600～3600米山间林中及沟边。

中文名

小檗裸实
Gymnosporia berberoides

卫矛科 Celastraceae
美登木属 *Maytenus*

濒危等级：易危

描述

灌木，老枝有明显疏刺。叶薄纸质或纸质，椭圆形或长方卵形。聚伞花序；花白绿色。蒴果扁，倒心状或倒卵状；种子长卵状；假种皮浅杯状，白色干后黄色。

产于云南西南部。生长于山地或山谷的丛林中。

中文名

多蕊金丝桃
Hypericum choisyanum

藤黄科 Clusiaceae
金丝桃属 *Hypericum*

濒危等级：易危

描述

灌木，丛状。叶具柄；叶片三角状披针形或稀为三角状卵形至卵形。花序，近伞房状。花瓣深金黄色，宽倒卵形至倒卵状圆形。蒴果卵珠状圆锥形至近圆球形。种子深褐色，圆柱形至圆柱状椭圆形。花期4—6月，果期9月。

产云南、西藏南部。生于山坡或陡崖上、灌丛中或杜鹃林中，海拔1600～4800米。

145

145

146

146

146

147

中文名	描述

大狼毒
Euphorbia jolkinii

大戟科 Euphorbiaceae
大戟属 *Euphorbia*

濒危等级：易危

多年生草本。根圆柱状。茎自基部多分枝或不分枝。叶互生，卵状长圆形、卵状椭圆形或椭圆形。花序单生于二歧分枝顶端，基部无柄；总苞杯状，边缘4裂，裂片内侧密被白色柔毛；腺体4个，肾状半圆形，淡褐色。雄花多数；雌花1朵；子房密被长瘤；花柱3裂。蒴果球状，密被长瘤或被长瘤。种子椭圆状。花果期3—7月。

产于云南、台湾、四川（西南）。生于海拔200～3 300米草地、山坡。灌丛和疏林内。

中文名	描述

矮黄栌
Cotinus nana

漆树科 Anacardiaceae
黄栌属 *Cotinus*

濒危等级：易危

矮小灌木。叶互生，较小，革质，圆形或卵圆形。圆锥花序顶生；花小，单性或杂性，粉红色。核果近肾形，压扁，褐色，疏被微柔毛。

产云南西北部；生于海拔1560～2500米的石山灌丛中。

中文名	描述

丽江槭
Acer forrestii

槭树科 Aceraceae
枫属 *Acer*

濒危等级：易危

落叶乔木。叶纸质，外貌长圆卵形。花黄绿色，单性，雌雄异株，常成无毛的总状花序。翅果幼嫩时紫红色，成熟以后则变为黄褐色；小坚果微扁平，翅张开成钝角。花期5月，果期9月。

产云南西北部和四川西南部。生于海拔3000～3800米的疏林中。

151	中文名	描述

篦齿槭
Acer pectinatum var. *pectinatum*

槭树科 Aceraceae
枫属 *Acer*

濒危等级：易危

落叶乔木。叶纸质，轮廓近于圆形。总状花序。花单性、异株。雄花：花瓣淡黄绿色。翅果嫩时淡紫红色，后变淡黄色，小坚果微扁平，翅镰刀形，张开近于水平；果梗无毛。花期4月下旬，果期9月。

▌产云南西北部及西藏南部生于海拔2900～3700米的山坡林中。

152	中文名	描述

贡山槭
Acer kungshanense

槭树科 Aceraceae
枫属 *Acer*

濒危等级：濒危

落叶乔木。冬芽圆锥状，边缘纤毛状。叶近于革质，基部心脏形，3裂。果序圆锥状。小坚果凸起；翅镰刀形、黄褐色，伸展近于直立。果期9月。

▌产云南西北部。生于海拔2500～3200米的疏林中。

153	中文名	描述

白马芥
Baimashania pulvinata

十字花科 Brassicaceae
白马芥属 *Baimashania*

濒危等级：近危

低矮草本，成团状；根多分枝。基生叶莲座状；叶片卵形或长圆形，稍肉质，密被柔毛。花单生。果线形。产德庆，花期6—7月，果期7—8月。

▌产云南西北部4200～4600m潮湿砾石草地或石灰岩缝。

滇西北　　　　珍稀濒危保护　　植物图册

151

152

151

151

152

153

154	中文名	描述

纤细碎米荠
Cardamine gracilis

十字花科 Brassicaceae
碎米荠属 *Cardamine*

濒危等级：近危

多年生草本，全体无毛。根状茎延长。茎基部倾卧，上部直立。茎上着生多数叶片，羽状复叶，小叶倒卵形或近于圆形。总状花序顶生；花瓣紫色或玫瑰红色。花期 5—7 月。

产云南（丽江）。生于沼泽地，海拔2900米。

155	中文名	描述

匍匐糖芥
Erysimum forrestii

十字花科 Brassicaceae
糖芥属 *Erysimum*

濒危等级：近危

多年生草本。基生叶莲座状；叶片椭圆形，长圆形，长圆状卵形，匙形，或倒披针形线。总状花序伞房状。花瓣黄色。种子长圆形。花期 5—7 月，果期 7—10 月。

产云南西北部3600～4900m石灰石山坡，陡崖或流石滩。

156	中文名	描述

金荞
Fagopyrum dibotrys

蓼科 Polygonaceae
荞麦属 *Fagopyrum*

保护等级：国家Ⅱ级

多年生草本，根状茎黑棕色，粗壮，木质。茎直立；叶片三角形。圆锥花序顶生或腋生。花被白色。瘦果微黑棕色，宽卵形，三棱，有时狭翅。花期 4—10 月，果期 5—11 月。

产云南，西藏，浙江等地，海拔300～3200米的潮湿山谷或草坡。

154

155

156

156

156

中文名

牛尾七
Rheum forrestii

蓼科 Polygonaceae
大黄属 *Rheum*

濒危等级：易危

描述

较高草本，根较粗壮；茎直立。基生叶宽卵形或卵圆形。圆锥花序窄尖塔形，花密集簇生，花蕾倒卵形，黄绿色。果实极宽椭圆形或近圆形。种子宽卵状椭圆形，黄棕色。花期6—7月，果期8—9月。

产云南西北部。多生于海拔300米左右的山坡或草丛中。

中文名

金铁锁
Psammosilene tunicoides

石竹科 Caryophyllaceae
金铁锁属 *Psammosilene*

濒危等级：濒危
保护等级：国家Ⅱ级

描述

多年生草本。根长倒圆锥形，肉质。茎铺散，平卧。叶片卵形。三歧聚伞花序密被腺毛；花瓣紫红色。蒴果棒状；种子狭倒卵形，褐色。花期6—9月，果期7—10月。

产云南、四川、贵州等地。生于金沙江和雅鲁藏布江沿岸，海拔2000～3800米的砾石山坡或石灰质岩石缝中。

中文名

球萼蝇子草
Silene chodatii

石竹科 Caryophyllaceae
蝇子草属 *Silene*

濒危等级：近危

描述

多年生草本。根粗壮。茎疏丛生，有时具匍匐茎，被腺柔毛。基生叶莲座状，叶片狭线形或线形；花瓣露出花萼，瓣片暗紫色。蒴果卵形；种子压扁，具翅，连翅深褐色。花期8—9月。

产云南（丽江）。生于海拔2700～3300米的石灰质岩石缝中。

157

157

158

159

159

| 160 | 中文名 | 描述 |

光叶珙桐
Davidia involucrata var. *vilmoriniana*

蓝果树科 Cornaceae
珙桐属 *Davidia*

保护等级：国家Ⅰ级

落叶乔木。叶纸质，互生，阔卵形或近圆形，基部心脏形或深心脏形，无毛，或幼时叶脉上被很稀疏的短柔毛及粗毛，有时下面被白霜。两性花与雄花同株，由多数的雄花与1个雌花或两性花成近球形的头状花序，两性花位于花序的顶端，雄花环绕于其周围，基部具纸质、矩圆状卵形或矩圆状倒卵形花瓣状的苞片2-3枚。雄花无花萼及花瓣；雌花或两性花具下位子房，与花托合生。果实为长卵圆形核果。花期4月，果期10月。

| 161 | 中文名 | 描述 |

滇水金凤
Impatiens uliginosa

凤仙花科 Balsaminaceae
凤仙花属 *Impatiens*

濒危等级：近危

一年生草本，全株无毛。茎粗壮，直立，肉质，下部具粗大的节，有不定根。叶互生，近无柄或具短柄，叶片膜质披针形或狭披针形。花近伞房状排列。花红色。蒴果近圆柱形，渐尖。种子少数，长圆形，黑色。花期7—8月，果期9月。

产云南（洱源、凤仪、大理、丽江、剑川、兰坪、香格里拉、昆明）。生于林下、水沟边潮湿处或溪边，海拔1500～2600米。

| 162 | 中文名 | 描述 |

花叶点地梅
Androsace alchemilloides

报春花科 Primulaceae
点地梅属 *Androsace*

濒危等级：近危

多年生草本。根出短枝簇生。莲座状叶丛生于根茎端；叶片轮廓扇形，掌状3裂深达基部，裂片再作3～4深裂，小裂片线形。花葶自叶丛中抽出；伞形花序；花冠白色或粉红色。蒴果近球形，比宿存花萼短。花期5—6月。

产于云南西北部。生于山坡草地和阳处石上，海拔3000～4000米。

160

161

162

中文名	描述

裂叶点地梅
Androsace dissecta

报春花科 Primulaceae
点地梅属 *Androsace*

濒危等级：近危

多年生草本，无匍匐茎；根状茎极短或不明显。莲座状叶丛单生，叶片圆形或肾圆形；伞形花序，呈头状；花冠白色或粉红色。花期4—5月。

产于云南西北部和四川西南部。生于山坡疏林下、草地和沟谷阴湿处。海拔2800～3400米。

中文名	描述

硬枝点地梅
Androsace rigida

报春花科 Primulaceae
点地梅属 *Androsace*

濒危等级：近危

多年生草本，植株由着生于根出条上的莲座状叶丛形成疏丛。叶3型，外层叶卵状披针形；中层叶舌状长圆形或匙形；内层叶椭圆形至倒卵状椭圆形。伞形花序；花冠深红色或粉红色。蒴果稍长于花萼。花期5—7月。

产于云南西北部和四川西南部。生于山坡草地、林缘和石缝中，海拔2900～3800米。

中文名	描述

叶苞过路黄
Lysimachia hemsleyi

报春花科 Primulaceae
珍珠菜属 *Lysimachia*

濒危等级：近危

茎直立或膝曲直立。叶对生，在茎上部有时互生，近基部较小，常为卵圆形，最下方者常缩小为鳞片状，中上部叶大，卵状披针形，稀为卵形，两面均散生粒状腺点；总状花序状；花冠黄色。蒴果近球形。花期7—8月；果期8—11月。

产于云南中部和北部、四川西南部和贵州西部。生于山坡灌丛中和草地中，海拔1600～2600米。

滇西北　　　　　　　珍稀濒危保护　　植物图册

中文名

阔瓣珍珠菜
Lysimachia platypetala

报春花科 Primulaceae
珍珠菜属 *Lysimachia*

濒危等级：近危

描述

多年生草本，全株无毛。茎直立，粗壮。叶互生，在茎下部有时对生，叶片披针形；花冠白色或淡红色，阔钟形。蒴果球形。花期6—7月；果期7—8月。

产于云南北部和四川西南部。生于山谷溪边和林缘，海拔2000～2500米。

中文名

茴香灯台报春
Primula anisodora

报春花科 Primulaceae
报春花属 *Primula*

濒危等级：近危

描述

多年生草本，全株无毛，不被粉。叶片倒卵状长圆形至倒披针形，鲜时揉碎有茴香气味；伞形花序；花冠漏斗状，深紫色，冠筒口周围绿色，喉部具环状附属物。蒴果稍长于花萼。花期5—6月。

产于云南香格里拉至四川木里一带。生长于湿润的高山草地，海拔3200～3700米。

中文名

橙红灯台报春
Primula aurantiaca

报春花科 Primulaceae
报春花属 *Primula*

濒危等级：近危

描述

多年生草本，全株无毛，不被粉。叶丛自极短的根茎发出，叶片倒卵状矩圆形至倒披针形；伞形花序；花冠深橙红色。蒴果近球形。花期5月。

产于云南西北部（剑川）和四川西南部等地。生长于山坡草地、林缘湿地和水沟边，海拔2500～3500米。

166

166

167

168

中文名	描述

巨伞钟报春
Primula florindae

报春花科 Primulaceae
报春花属 *Primula*

濒危等级：近危

多年生粗壮草本。叶片阔卵形至卵状矩圆形或椭圆形。伞形花序多花；花冠鲜黄色，干后常带绿色。蒴果稍长于宿存花萼。花期6—7月，果期7—8月。

生长于山谷水沟边、河滩地和云杉林下潮湿处，海拔200～4000米。

中文名	描述

薄叶粉报春
Primula membranifolia

报春花科 Primulaceae
报春花属 *Primula*

濒危等级：近危

多年生草本。叶丛稍紧密，基部外围有枯叶；叶片椭圆形、倒卵形或近匙形；顶生伞形花序；花冠淡紫红色，冠筒口周围黄色。蒴果约与花萼等长。花期5月。

云南特有种，分布于大理、漾濞、凤庆。生长于湿润的石灰岩上，海拔3000～3300米。

中文名	描述

滇海水仙花
Primula pseudodenticulata

报春花科 Primulaceae
报春花属 *Primula*

濒危等级：近危

多年生草本，全株无毛。叶丛基部无芽鳞；叶通常多数，倒披针形至狭倒卵状矩圆形。伞形花序近头状；花冠粉红色至淡紫蓝色，冠筒口周围黄色。蒴果与宿存花萼近等长。花期12月至翌年2月，果期3—4月。

产于云南（蒙自、昆明、大理、丽江）和四川（木里）。生于沟边、水旁和湿草地，海拔1500～2300（3300）米。

中文名	描述

粉被灯台报春
Primula pulverulenta

报春花科 Primulaceae
报春花属 *Primula*

濒危等级：近危

多年生草本。根状茎极短。叶椭圆形至椭圆状倒披针形。具伞形花序，被乳白色或乳黄色粉；花紫红色。蒴果球形，与花萼等长。花期5—6月。

生长于山坡草地和林下，海拔2200～2500米。

中文名	描述

苣叶报春
Primula sonchifolia

报春花科 Primulaceae
报春花属 *Primula*

濒危等级：近危

多年生草本。根状茎粗短，具带肉质的长根。叶丛基部有覆瓦状包叠的鳞片，呈鳞茎状。叶矩圆形至倒卵状矩圆形，开花时尚未充分发育；伞形花序；花冠蓝色至红色，稀白色。蒴果近球形。花期3—5月，果期6—7月。

产于云南西北部（大理、漾濞、洱源、丽江、香格里拉、德钦）、四川西部，和西藏东南端与云南毗邻地区。生长于高山草地和林缘，海拔3000～4600米。

中文名	描述

显脉猕猴桃
Actinidia venosa

猕猴桃科 Actinidiaceae
猕猴桃属 *Actinidia*

保护等级：国家Ⅱ级

大型落叶藤本；着花小枝皮孔相当显著，髓白色，片层状。叶纸质，长卵形或长圆形。聚伞花序一回分枝或2回分枝；花淡黄色。果绿色，卵珠形或球形，渐老渐变秃净，有淡褐色圆形斑点，顶端有宿存花柱，基部有反折的宿存萼片。

产云南、四川，生于海拔1900～3200m山地的杂木林中。

楔叶杜鹃
Rhododendron cuneatum

杜鹃花科 Ericaceae
杜鹃花属 *Rhododendron*

濒危等级：易危

常绿灌木。叶聚生于幼枝顶端，狭至宽椭圆形或长圆状披针形。花序成顶生、伞形总状；花冠漏斗状，深紫色至玫瑰紫色，罕白色，常具深色斑点。蒴果长圆状卵形，密被鳞片。花期4—6月，果期10月。

产云南西北部、四川西南部。生于松栎林下、岩坡或高山灌丛，海拔2700~4200米。

泡泡叶杜鹃
Rhododendron edgeworthii

杜鹃花科 Ericaceae
杜鹃花属 *Rhododendron*

濒危等级：近危

常绿灌木，通常附生。叶革质，卵状椭圆形、长圆形或长圆状披针形，幼时疏被卷曲柔毛及散生的黄褐色小鳞片，而后光滑，下面密被松软黄棕色厚绵毛，鳞片淡黄褐色，为毛被覆盖。花序顶生，花冠钟状或漏斗状钟形，芳香，乳白色或有时带粉红色，外面被小而密的鳞片。蒴果长圆状卵形或近球形，密被黄褐色绵毛和鳞片，被覆于宿存的萼内。花期4—6月，果期11月。

产云南西北部和中部、四川西南部、西藏东南部。生沟边、山坡、林中或林缘，常附生于铁杉、栎树等大树上或攀生于峭陡的岩壁或大漂石上，海拔2000~4000米。

灰白杜鹃
Rhododendron genestierianum

杜鹃花科 Ericaceae
杜鹃花属 *Rhododendron*

濒危等级：易危

常绿灌木。叶集生枝顶，薄革质，披针形、长圆状披针形至倒披针形，上面亮绿色，疏被鳞片或无，下面明显苍白色，被稀疏鳞片，鳞片小，亮金黄色或褐色。总状花序顶生；花冠钟状，肉质，深红紫色，被明显的白粉。蒴果卵状长圆形，被鳞片。花期4月下旬至5月，果期6—8月。

产云南西北部及西部、西藏东南部。生于常绿阔叶林林缘、沟边杂木林或高山灌丛中，海拔2000~4500米。

中文名	描述

假乳黄杜鹃
Rhododendron rex subsp. *fictolacteum*

杜鹃花科 Ericaceae
杜鹃花属 *Rhododendron*

保护等级：国家Ⅱ级

常绿小乔木。叶革质，叶片较窄，椭圆形、倒卵状椭圆形至倒披针形，下面毛被深棕色。总状伞形花序；花萼小；花冠管状钟形，粉红色或蔷薇色，基部有深红色斑点；雄蕊16，不等长；子房圆锥形。蒴果圆柱状。花期 5-6 月，果期 8-9 月。

产云南西北部、四川西南部。生于海拔2900-4000米的山坡、冷杉林下、杜鹃灌丛中。

中文名	描述

柳条杜鹃
Rhododendron virgatum

杜鹃花科 Ericaceae
杜鹃花属 *Rhododendron*

濒危等级：近危

小灌木，上部分枝多。叶革质，狭长圆形或长圆状披针形。花序腋生，于枝上排列成总状式；花冠钟状或漏斗状，淡红色，偶有白色。蒴果长圆形或长圆状球形，密被褐色腺鳞。 花期 3—5 月。

产云南西部至西北部、西藏东南部。生于山坡林缘、灌丛或湿润草地，海拔1700～3000米。

中文名	描述

乌鸦果
Vaccinium fragile

杜鹃花科 Ericaceae
越橘属 *Vaccinium*

濒危等级：近危

常绿矮小灌木。茎多分枝，有时丛生。叶密生，叶片革质，长圆形或椭圆形。总状花序；花冠白色至淡红色。浆果球形，绿色变红色，成熟时紫黑色，外面被毛或无毛。花期：春夏以至秋季，果期 7—10 月。

产云南大部分地区、四川、贵州等地。生于海拔1100～3400米的松林、山坡灌丛或草坡，为酸性土壤的指示植物。

中文名	描述

杜仲
Eucommia ulmoides

杜仲科 Eucommiaceae
杜仲属 *Eucommia*

濒危等级：易危

落叶乔木。叶椭圆形、卵形或矩圆形，薄革质。花生于当年枝基部，雄花无花被。雌花单生。翅果扁平，长椭圆形，周围具薄翅；坚果位于中央。种子扁平，线形。早春开花，秋后果实成熟。

分布于云南、陕西、甘肃等省区，现各地广泛栽种。在自然状态下，生长于海拔300～500米的低山，谷地或低坡的疏林里，对土壤的选择并不严格，在瘠薄的红土，或岩石峭壁均能生长。

中文名	描述

丁茜
Trailliaedoxa gracilis

茜草科 Rubiaceae
丁茜属 *Trailliaedoxa*

濒危等级：易危
保护等级：国家Ⅱ级

直立亚灌木；茎纤细。叶革质，倒卵形或倒披针形。花序近球形；花冠红白色或浅黄色。果密被钩毛，顶部冠以宿存萼檐裂片。

产云南（金沙江及其支流）和四川。生于干暖河谷两旁的岩石中和山坡草丛中。

中文名	描述

异药龙胆
Gentiana anisostemon

龙胆科 Gentianaceae
龙胆属 *Gentiana*

濒危等级：近危

一年生草本。茎坚硬，直立，自基部起分枝。基生叶大，在花期枯萎，宿存，宽卵形；茎生叶密集，覆瓦状排列，矩圆形、矩圆状、披针形或卵状披针形。花多数，单生小枝顶端；花冠蓝紫色，漏斗形。蒴果内藏，矩圆状匙形；种子红褐色，表面具细网纹。花、果期4—5月。产云南西北部。

生于草坡、林下，海拔3600～4300米。

中文名	描述

184

粗茎秦艽
Gentiana crassicaulis

龙胆科 Gentianaceae
龙胆属 *Gentiana*

濒危等级：近危

多年生草本，全株光滑无毛。莲座丛叶卵状椭圆形或狭椭圆形；茎生叶卵状椭圆形至卵状披针形。花多数，在茎顶簇生呈头状；花冠筒部黄白色，冠檐蓝紫色或深蓝色，内面有斑点。蒴果内藏，椭圆形；种子红褐色，有光泽，矩圆形，表面具细网纹。花、果期6—10月。

产云南、西藏东南部、四川等地，在云南丽江有栽培。生于山坡草地、山坡路旁、高山草甸、撩荒地、灌丛中、林下及林缘，海拔2100～4500米。

185

苍白龙胆
Gentiana forrestii

龙胆科 Gentianaceae
龙胆属 *Gentiana*

濒危等级：易危

一年生草本。茎淡紫红色，光滑，在基部多分枝，似丛生。基生叶甚大，苞叶状，在花期枯萎，宿存，卵圆形或倒卵圆形；茎生叶疏离，匙形、倒卵状匙形至线形。花单生于小枝顶端；花冠内面淡蓝色或白色，外面有深蓝紫色宽条纹，有时喉部有深蓝色斑点，漏斗形。蒴果外露，矩圆形或矩圆状匙形；种子淡褐色，三棱形，表面具增粗的网纹。花、果期4—8月。

产云南西北部。生于山坡草地、高山草甸，海拔3000～4200米。

186

云南龙胆
Gentiana yunnanensis

龙胆科 Gentianaceae
龙胆属 *Gentiana*

濒危等级：易危

一年生草本。主根明显。茎直立。叶片匙形或倒卵形。花极多数；花冠黄绿色或淡蓝色，具蓝灰色斑点，筒形。蒴果内藏或先端外露，狭矩圆形；种子褐色，近圆球形，表面具浅蜂窝状网隙。花、果期8—10月。

产西藏东南部、云南、四川等。生于山坡草地、路旁、高山草甸、灌丛中及林下，海拔2300～4400米。

184

185

186

滇紫草
Onosma paniculatum

紫草科 Boraginaceae
滇紫草属 *Onosma*

濒危等级：易危

中文名

描述

　　二年生草本。茎单一，不分枝。基生叶丛生，线状披针形或倒披针形。花序生茎顶及腋生小枝顶端，花后伸长呈总状，集为紧密或开展的圆锥状花序；花冠蓝紫色，后变暗红色。小坚果暗褐色，无光泽，具疣状突起。花果期 6—9 月。

产云南西北部至中部、四川西部至西南部及贵州西部。生海拔 2000～3200米干燥山坡及松栎林林缘。

山莨菪
Anisodus tanguticus

茄科 Solanaceae
山莨菪属 *Anisodus*

保护等级：国家 II 级

中文名

描述

　　多年生宿根草本，茎无毛或被微柔毛；根粗大，近肉质。叶片纸质或近坚纸质，矩圆形至狭矩圆状卵形。花俯垂或有时直立；花冠钟状或漏斗状钟形，紫色或暗紫色。果实球状或近卵状；果梗挺直。花期 5—6 月，果期 7—8 月。

产云南（西北部）、青海、西藏等；生于海拔2800～4200米的山坡、草坡阳处。

三分三
Anisodus acutangulus

茄科 Solanaceae
山莨菪属 *Anisodus*

濒危等级：极危

中文名

描述

　　多年生草本，全株无毛；主根粗大。叶片纸质或近膜质，卵形或椭圆形；花冠漏斗状钟形，淡黄绿色。蒴果近球状，果萼紧包果，脉隆起；果梗下弯。花期 6—7 月，果期 10—11 月。

产云南（西北部）；生于海拔2750～3000米的山坡、田埂上或林中路旁。

| 190 | 中文名 | 描述 |

裂果女贞
Ligustrum sempervirens

木樨科 Oleaceae
女贞属 *Ligustrum*

濒危等级：易危

常绿灌木。叶片革质，椭圆形、宽椭圆形、卵形至近圆形。圆锥花序顶生。果宽椭圆形，成熟时呈紫黑色，室背开裂。花期6—8月，果期9—11月。

产于云南西北部、四川西南部。生山坡、河边灌丛中，海拔1900～2700米。

| 191 | 中文名 | 描述 |

木里短檐苣苔
Tremacron urceolatum

苦苣苔科 Gesneriaceae
短檐苣苔属 *Tremacron*

濒危等级：易危

多年生无茎草本。叶全部基生；叶片宽卵形。聚伞花序2次分枝。花冠筒状，黄色。花期7月。

产四川木里。生于云南松林下，海拔约2600米。

| 192 | 中文名 | 描述 |

胡黄连
Neopicrorhiza scrophulariiflora

车前科 Plantaginaceae
胡黄连属 *Neopicrorhiza*

濒危等级：濒危
保护等级：国家 II 级

植株较矮，具根状茎。叶匙形至卵形。花葶生棕色腺毛，穗状花序；花冠深紫色。蒴果长卵形。花期7—8月，果期8—9月。

产云南西北部、西藏南部、四川西部。生高山草地及石堆中，海拔3600～4400米。

190

191

192

中文名	描述

红波罗花
Incarvillea delavayi

紫葳科 Bignoniaceae
角蒿属 *Incarvillea*

濒危等级：易危

多年生草本，无茎，全株无毛。叶基生，1 回羽状分裂；侧生小叶长椭圆状披针形。总状花序着生于花葶顶端；花冠钟状，红色。蒴果木质，4 棱形，灰褐色。种子阔卵形，上面无毛，下面被毛。花期 7 月。

产云南西北部（大理、丽江、维西、香格里拉、德钦）、四川。生于高山草坡，海拔2400～3500（～3900）米。

中文名	描述

黄波罗花
Incarvillea lutea

紫葳科 Bignoniaceae
角蒿属 *Incarvillea*

濒危等级：濒危

多年生草本，具茎，全株被淡褐色细柔毛；根肉质。叶 1 回羽状分裂。顶生总状花序着生于茎的近顶端。花冠黄色。蒴果木质，披针形，淡褐色，具明显的 6 棱，顶端渐尖。种子卵形或圆形，常在上面被密的灰色柔毛。花期 5—8 月，果期 9—1 月。

产云南西北部、四川西部、西藏。生于高山草坡或混交林下，海拔2000～3350米。

中文名	描述

子宫草
Skapanthus oreophilus

唇形科 Lamiaceae
子宫草属 *Skapanthus*

保护等级：国家 II 级

多年生草本；根茎细长。茎单一，纤细。叶常呈密莲座状生于茎基部，阔卵圆形或菱状卵圆形。聚伞花序 3 ～ 5 花，疏离。花冠紫蓝色。花盘杯状，前方微隆起。小坚果圆球形，浅黄色，光滑。花期 7—8 月，果期 9—10 月。

产云南西北部；生于松林下或林缘草坡上，海拔2700～3100米。

193

194

195

| 中文名 | 描述 |

拟蕨马先蒿
Pedicularis filicula

玄参科 Scrophulariaceae
马先蒿属 *Pedicularis*

濒危等级：近危

多年生草本。根茎粗短，下方发出成丛之根强烈纺锤形，肉质。叶多基生，常成密丛；叶片羽状全裂，线状披针形。花序长短多变，开花次序显然离心；花冠紫红色。蒴果指向前上方，长圆形，锐尖头，稍扁平，下部为宿萼所包。花期 5—7 月。

为我国特有种，产云南西北部（丽江），生于海拔2800～4880米的高山草地中。

| 中文名 | 描述 |

柳叶马先蒿
Pedicularis salicifolia

玄参科 Scrophulariaceae
马先蒿属 *Pedicularis*

濒危等级：濒危

一年生草本。茎基部木质化，上部草质。叶无柄而对生，披针形至袋形。花多集合成顶生穗状花序；花冠深玫瑰色。蒴果包于萼内，卵形，端渐狭，具凸尖。花期 7—9 月。

为我国特有种，产云南西北部，生于海拔900～35500米的空旷多石的草滩中。

| 中文名 | 描述 |

丽江风铃草
Campanula delavayi

桔梗科 Campanulaceae
风铃草属 *Campanula*

濒危等级：易危

根胡萝卜状。茎上升，下部密被长毛。基生叶心形至心状圆形。花顶生于主茎及分枝上，下垂，各处无毛；花冠蓝色或紫色，宽钟状。蒴果长卵状。花期 7—9 月。

产云南（丽江、鹤庆、洱源）。生于海拔3000多米的多石山坡和松林中。

中文名	描述

松叶鸡蛋参
Codonopsis graminifolia

桔梗科 Campanulaceae
党参属 *Codonopsis*

濒危等级：易危

与原变种不同的仅在于：茎常短，少较长的；叶常集中于茎中下部，密集，叶片极狭长，通常条形或近于针状。

产云南（禄劝、大理、宾川、丽江、香格里拉）、贵州、四川西南部。生于海拔3000米以下的草地及松林下。

中文名	描述

球花党参
Codonopsis subglobosa

桔梗科 Campanulaceae
党参属 *Codonopsis*

濒危等级：近危

有淡黄色乳汁及较强烈的党参属植物固有的特殊臭味。茎基具多数细小茎痕，根常肥大，呈纺锤状，圆锥状或圆柱状而较少分枝。茎缠绕。叶在主茎及侧枝上的互生，在小枝上的近于对生，叶片阔卵形、卵形至狭卵形。花单生于小枝顶端或与叶柄对生；花冠上位，球状阔钟形，淡黄绿色而先端带深红紫色。蒴果下部半球状，上部圆锥状或有尖喙。种子多数，椭圆状或卵状。花果期 7—10 月。

产云南西北部、四川西部。生于海拔2500～3500米的山地草坡多石砾处或沟边灌丛中。

中文名	描述

长花蓝钟花
Cyananthus longiflorus

桔梗科 Campanulaceae
蓝钟花属 *Cyananthus*

濒危等级：近危

多年生草本。茎基粗壮而木质化。茎近直立，木质化。叶互生，花下或分枝顶端常聚集成簇，椭圆形或卵状椭圆形。花单生于茎和分枝顶端，花冠长筒状钟形，紫蓝色或蓝紫色。种子矩圆状。花期7—9月。

产云南西部。生于海拔2700～3200米的松林下沙地或石灰质高山牧场上。

中文名

萤衣香青
Anaphalis chlamydophylla

菊科 Asteraceae
香青属 *Anaphalis*

濒危等级：近危

根状茎粗壮，灌木状，莲座状叶丛与花茎常密集丛生或多少成垫状。茎直立或斜升。基部叶在花期生存，与莲座状叶同形，卵圆形，长圆形或匙状长圆形。头状花序在端密集成复伞房状。瘦果长圆形，被密乳头状突起。花期 7—8 月，果期 9 月。

产云南西北部（丽江）。生于亚高山草地、针叶林或稀疏杂木林中和石灰岩层上，海拔2700～3650米。

中文名

栌菊木
Nouelia insignis

菊科 Asteraceae
栌菊木属 *Nouelia*

濒危等级：易危
保护等级：国家Ⅱ级

灌木或小乔木。枝粗壮，常扭转。叶片厚纸质，长圆形或近椭圆形。头状花序直立，单生，无梗。花全部两性，白色。瘦果圆柱形，有纵棱，被倒伏的绢毛。冠毛 1 层，微白色或黄白色，刚毛状。花期 3—4 月。

产于云南（江川、元谋、大姚、宾川、鹤庆、永胜、丽江、香格里拉）和四川西部（木里、九龙）。生于山区灌丛中，海拔1000～2500米。

中文名

蕨叶千里光
Senecio pteridophyllus

菊科 Asteraceae
千里光属 *Senecio*

濒危等级：近危

多年生草本，根状茎粗，俯卧或斜升，具纤维状根。茎单生，直立。基生叶和下部茎叶在花期有时枯萎，常具柄，全形倒披针状长圆形或狭长圆形，大头羽状分裂。头状花序有舌状花，多数，排列成顶生复伞房花序。瘦果圆柱形，无毛；冠毛白色。花期 7—10 月。

产云南西北部（香格里拉、丽江、维西、贡山、永宁等）。生于高山牧场和草甸，海拔3000～3800米。

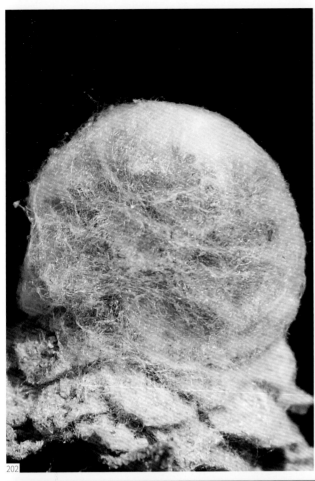

中文名	描述

甘肃荚蒾
Viburnum kansuense

忍冬科 Carifoliaceae
荚蒾属 *Viburnum*

濒危等级：易危

落叶灌木。叶纸质，轮廓宽卵形至矩圆状卵形或倒卵形。复伞形式聚伞花序，不具大型的不孕花；花冠淡红色。果实红色，椭圆形或近圆形；核扁，椭圆形。花期 6—7 月，果熟期 9—10 月。

产云南西北部、西藏东南、四川等地。生于海拔2400～3600米的冷杉林或杂木林中。

中文名	描述

云南双盾木
Dipelta yunnanensis

忍冬科 Caprifoliaceae
双盾木属 *Dipelta*

濒危等级：易危

落叶灌木。叶椭圆形至宽披针形。伞房状聚伞花序生于短枝顶部叶腋；花冠白色至粉红色。果实圆卵形；种子扁，内面平，外面延生成脊。花期 5—6 月，果熟期 5—11 月。

产云南、陕西、四川等地。生于海拔880～2400米的杂木林下或山坡灌丛中。

中文名	描述

吴茱萸五加
Gamblea ciliata var. *evodiifolia*

五加科 Araliaceae
萸叶五加属 *Gamblea*

濒危等级：易危

灌木或乔木，无刺，无毛，无刺。叶有 3 小叶；小叶片纸质至革质。伞形花序有多数或少数花，通常几个组成顶生复伞形花序，稀单生。果实球形或略长，黑色。花期 5—7 月，果期 8—10 月。

分布广。生于森林中，海拔1000～3300米。

中文名	描述

208

疙瘩七
Panax japonicus var.
bipinnatifidus

五加科 Araliaceae
人参属 *Panax*

濒危等级：濒危

多年生草本。根茎念珠状，肉质。掌状复叶轮生茎端；小叶膜质，倒卵状椭圆形或长椭圆形，羽状分裂；伞形花序单生茎顶：果近球形，红色；种白色，卵球形。 花期 5-6 月，果期 7-9 月。

生于山地林下；1800-3400米，云南，四川，西藏等地。

209

珠子参
Panax japonicus var. *major*

五加科 Araliaceae
人参属 *Panax*

濒危等级：濒危

根茎念珠状。小叶不是羽状半裂，倒卵状椭圆形的到椭圆形，先端渐尖，很少长渐尖。

森林下生长，海拔1700～3600米。云南、甘肃，贵州，河南，湖北，山西，四川，西藏。

210

榄绿阿魏
Ferula olivacea

伞形科 Apiaceae
阿魏属 *Ferula*

濒危等级：近危

多年生草本，全株无毛。根圆柱形，粗壮。茎细，直立。叶片轮廓为广卵形，二至三回羽状全裂。复伞形花序生于茎枝顶端；花瓣为暗橄榄色或黄绿色。分生果长圆形或椭圆形，背腹扁压，果棱丝状突起。花期 5—6 月，果期 6—7 月。

产云南（丽江）。生长于峡谷石隙、草坡和林中。

中文名

美脉藁本
Ligusticum likiangense

伞形科 Apiaceae
藁本属 *Ligusticum*

濒危等级：近危

描述

多年生草本，基部密被纤维状枯萎叶鞘。茎自基部多分枝，直立或斜上。叶片轮廓长卵形至卵形，羽状分裂。复伞形花序；花瓣白色。分生果背腹扁压，卵形，背棱略突起；胚乳腹面平直。花期6—8月，果期9月。

产云南省丽江地区。生于海拔2800～4000米的林中及草地。

中文名索引

中文名索引

中文名索引

中文名索引

拉丁学名索引

拉丁学名索引

拉丁学名索引